宝塔菜

春雪 1 号

花椰菜采收

秋中晚熟花椰菜品种

花椰菜黑腐病

花椰菜田间生长情况

青花菜病毒病

霜霉病

花椰菜细菌性软腐病叶柄发病症状

花椰菜重度低温冻害

青花菜

秋早熟花椰菜品种

秋晚熟花椰菜品种

瑞士雪球

越冬花椰菜结球性状

零基础

张海娇 郑志勇 主编

有机花椰菜高效绿色栽培

一月通

中国农业科学技术出版社

图书在版编目（CIP）数据

零基础有机花椰菜高效绿色栽培一月通 / 张海娇，郑志勇
主编 . —北京：中国农业科学技术出版社，2017.1
ISBN 978-7-5116-2774-2

Ⅰ.①零…　Ⅱ.①张…　②郑…　Ⅲ.①花椰菜—蔬菜园
艺—无污染技术 Ⅳ.① S635.3

中国版本图书馆 CIP 数据核字（2016）第 238571 号

选题策划	范　潇
责任编辑	范　潇
责任校对	杨丁庆

出 版 者	中国农业科学技术出版社
	北京市中关村南大街 12 号　邮编：100081
电　　话	（010）82106625（编辑室）（010）82109702（发行部）
	（010）82109709（读者服务部）
传　　真	（010）82106625
网　　址	http://www.castp.cn
经 销 者	各地新华书店
印 刷 者	北京富泰印刷有限责任公司
开　　本	889mm×1 194mm　1/32
印　　张	5.25　彩插　2 面
字　　数	132 千字
版　　次	2017 年 1 月第 1 版　2017 年 1 月第 1 次印刷
定　　价	28.00 元

编写委员会

主　编：张海娇　郑志勇

参编者：（按姓氏笔画排序）

王德芳　周建成

范　潇　薛　冰

前　言

花椰菜，味道鲜美，营养价值高，并且具有很高的药用价值。维生素C含量非常丰富，研究发现花椰菜还具有一定的抗癌功效，平均营养价值及防病作用远远超过了其他蔬菜，在美国《时代》杂志推荐的十大健康食品中名列第四，美国公众利益科学中心把花椰菜列为十种超优食物之一。因此，近年来花椰菜也越来越受到人们的广泛欢迎。

花椰菜的生产栽培具有较强的季节性、区域性。生产过程中往往由于栽培管理不善而出现一些问题，影响其产量和品质。因此根据当前的生产需求和菜农的实际需要，编写《零基础有机花椰菜高效绿色栽培一月通》一书，目的是通过本书普及和推广花椰菜的栽培新技术，从而能够使相关人员更加快速的掌握花椰菜栽培技术，提高其经济效益，增加收入，加快我国花椰菜产业化的发展。

本书比较详细地介绍了花椰菜栽培的主要形式，有机花椰菜生产技术规程，有机花椰菜的良种选择方法，有机花椰菜的四季栽培技术，有机花椰菜的采收与贮藏方式以及有机花椰菜生产过程中的病虫害防治技术，结构简洁、内容简练。

本书在编写过程中，参阅了相关书刊资料，并引用和摘录了某些内容，在此向原著作者表示诚挚的感谢。由于编者水平有限，不足与疏漏之处在所难免，敬请专家、同仁和广大读者斧正。

编者
2016 年 11 月

目 录

1

有机花椰菜的概述

一、花椰菜的栽培历史

花椰菜又名菜花、花菜、椰菜花、芥蓝花、花甘蓝、球花甘蓝，清代称为番芥蓝，是十字花科二年生蔬菜，属芸薹属甘蓝种中以花球为产品的一个变种。和椰菜（结球甘蓝）一类的东西类似，不过椰菜是吃叶子的菜，不但叶子发达，而且可以包心结球。花椰菜的食用部分是着生在短缩茎顶端的花球，花球是由短缩肥嫩的花枝和分化至花序阶段的许多花原基聚合而成，粗纤维少，风味鲜美，营养丰富，耐贮藏性能好，较适于长途运输。经过人们长期的选择，花球特别发达，肥大多肉，质地柔嫩雪白，是甘蓝的一个变种。以其肥嫩的花枝、花蕾所组成的白色的花球供食用，不仅柔嫩、鲜美、营养丰富，而且适应性强、容易栽培，是一种很有市场前景的营养保健型高档蔬菜。20 世纪 80 年代以后我国花椰菜生产迅速发展，特别是进入 90 年代，栽培面积越来越大，目前我国是世界上花椰菜第一生产大国，花椰菜已成为我国重要的蔬菜种类之一。花椰菜在蔬菜周年供应中也占有越来越重要的地位。

花椰菜原产在地中海东部沿岸，花椰菜由野生甘蓝演化而来，为野生甘蓝变种中"分枝类型"中的羽衣甘蓝类型。大约在

1576 年进化成"木立花椰菜"。15 世纪,这个变种在法国南部形成了现在栽培的花椰菜。16—18 世纪,花椰菜传入欧洲北部,在沿海地区形成了二年生类型,在内陆地则形成了一年生类型。19 世纪中叶,花椰菜从美国和欧洲传入我国南方。自从我国和国外通商以后,花椰菜被引进来,花椰菜肥嫩雪白的花球,不但风味鲜美,而且营养丰富。花椰菜富蛋白质、脂肪、碳水化合物、食物纤维、维生素 A、维生素 B、维生素 C、维生素 E、维生素 P、维生素 U、钙、磷、铁等矿物质。经常食用可清热解渴、利尿通便;同时花椰菜中含有"索弗拉芬"—(1—异青酸基 + 甲基亚磺酰基丁烷)化合物质,能刺激细胞制造对机体有益的保护酶——Ⅱ型酶,这种具有非常强的抗癌活性酶,可使细胞形成对抗外来致癌物侵蚀的膜,对防治多种癌症起到积极的作用。动物实验表明:它能使实验鼠肝脏中芳烃羟化酶的活性提高 54 倍,能使小肠黏膜中活性提高 30 倍,从而使体细胞(尤其是肝细胞)中的微粒体多功能氧化酶系统,有能力分解进入人体内的致癌物和其他有害化合物,以使人体长期处于良性循环状态。据分析,新鲜的花球含有水分 90.8 %,蛋白质 1.6 %,脂肪 0.8 %,碳水化合物 5 %,矿物质 0.8 %,每斤花球所含的热量为 172 卡。所含的矿物质,大部分是钾、钙、磷和铁,还含有多种维生素。如今,花椰菜已被各国营养学家列入人们的抗癌食谱。花椰菜含有抗氧化防癌症的微量元素,长期食用可以减少乳腺癌、直肠癌及胃癌等癌症的发病概率。据美国癌症协会的报道,在众多的蔬菜水果中,花椰菜、大白菜的抗癌效果最好。花椰菜是含有类黄酮最多的食物之一。类黄酮除了可以防止感染,还是最好的血管清理剂,能够阻止胆固醇氧化,防止血小板凝结成块,因而减少心脏病与中风的危险。有些人的皮肤一旦受到小小的碰撞和伤害就会变得青一块紫一块的,这是因为体内缺乏维生素 K 的缘故。补充的最佳途径就是多吃花椰菜。多吃花椰菜还会使血管壁加强，不容易破裂。丰富的维生素 C 含量，使花椰菜可增强肝脏解毒能力，并能提高机体的免疫力，可防止感冒和坏血病的发生。花椰菜是一种营养价值很高的蔬菜，除供熟食外，还可加工成罐头，它的茎叶是优良的饲料（表 1-1）。

表 1-1 花椰菜营养成分（每 100g 鲜重的代表值）

可食部分（％）	能量		水分（％）	蛋白质（g）	脂肪（g）	膳食纤维（g）	碳水化合物（g）
	千卡	千焦					
82	100	24	92.4	2.1	0.2	1.2	3.4
灰分（g）	胡萝卜素（μg）	视黄醇当量（μg）	硫铵素（mg）	核黄素（mg）	尼克酸（mg）	抗坏血酸（mg）	生育酚（mg）
0.7	30	5	0.03	0.18	3.9	82	7.73
钾（mg）	钠（mg）	钙（mg）	镁（mg）	铁（mg）	锰（mg）	锌（mg）	铜（mg）
919	242	411	183	25.9	1.61	3.91	0.05
硒（μg）	氨基酸（mg）	异亮氨酸（mg）	亮氨酸（mg）	赖氨酸（mg）	蛋氨酸（mg）	胱氨酸（mg）	苯丙氨酸（mg）
0.73	1784	77	112	114	30	29	73
酪氨酸（mg）	苏氨酸（mg）	色氨酸（mg）	缬氨酸（mg）	精氨酸（mg）	组氨酸（mg）	丙氨酸（mg）	天冬氨酸（mg）
56	84	36	115	94	38	135	215
谷氨酸（mg）	甘氨酸（mg）	脯氨酸（mg）	丝氨酸（mg）				
315	73	84	104				

二、有机花椰菜栽培现状及发展前景

菜花属半耐寒性蔬菜，适于冷凉季节栽培，一般 6 月底至 7 月初播种，9 月中下旬开始上市，能抢占蔬菜供应市场空白，经

济效益显著。如今，花椰菜已被各国营养学家列入人们日常膳食之中的抗癌食谱，成为人们喜爱的蔬菜之一，种植范围逐渐扩大、种植面积逐年增加。2003年，全世界74个国家种植花椰菜，面积达86.2万 hm^2，其中我国种植面积占到了40.9%，达35.3万 hm^2，居世界第一位，成为世界第一大花椰菜生产和销售国。据初步统计，我国花椰菜品种资源分布以福建省最多，其次为四川、广东、浙江、上海，其他省市分布较少，目前我国各地均有栽培。

花椰菜食用器官为花球，其营养丰富、风味鲜美、粗纤维少、外形美观，深受广大消费者的喜爱。花椰菜具有较高的营养价值，除含有钙、磷、钾等矿质营养外，还含有蛋白质、碳水化合物，尤其是维生素 C 的含量远远超过结球甘蓝。花椰菜的花球除可作为新鲜蔬菜炒食、凉拌外，也可做汤，还可以脱水加工或制成罐头食品，是出口创汇的蔬菜种类之一。花椰菜的外叶含粗蛋白为2.9%、粗脂肪为0.5%，是良好的青饲料。此外，它还具有保健功能，性甘平，益肾，利五脏六腑，利关节，适宜中老年人、小孩和脾胃虚弱、消化功能不强者食用。炎夏口干口渴，尿呈金黄色或便秘，用花椰菜30g煎汤，频服，有清热解渴、利尿通便之效。18世纪轰动西欧专治咳嗽和肺结核的布哈尔夫糖浆，即是用花椰菜茎叶榨出的汁液煮沸后，调入蜂蜜制品。

三、花椰菜的生物学特征

（一）形态特征

根：主根基部粗大，根系发达，主要根群分布在30cm耕作层内。

茎：营养生长阶段为短缩茎；阶段发育完成后抽生花薹。

叶：叶片狭长；披针形或长卵形，营养生长期具有叶柄，并具裂叶，叶面无毛，表面有蜡粉。

花：复总状花序，完全花，异花授粉。花椰菜产品器官为肥嫩的花球。花球由短缩肥大的花轴、花枝、花蕾聚合而成，是其养分的贮藏器官。花椰菜对外界环境条件要求严格，适应性弱，其耐寒、耐热能力远不如结球甘蓝。

果实：长角果，每角果含种子 10 余粒。种子圆球形，紫褐色，千粒重 2.5~4.0g。

绿菜花是花椰菜的一种类型，又名"西兰花"。其营养更丰富，适应性也比花椰菜广。绿菜花的形态特征与菜花相似，不同的是叶色蓝绿，后渐转为深蓝或灰蓝色，蜡粉增多。主茎形成主花球，主花球收获后各叶腋能再抽生侧花球。绿菜花的生育周期与各时期特点与花椰菜相同。

（二）生理特征

花椰菜的生育周期包括发芽期、幼苗期、莲座期、花球形成期与抽薹开花结果期。前三个时期与结球甘蓝相似。在适宜的温度下，发芽期是从种子萌动到第一片真叶出现大约 7 天。幼苗期出现 2 片到 5~6 片真叶，第一叶环形成，为 20~30 天。莲座期是第二三叶环形成，植株成为莲花状的叶簇，20~80 天。莲座期结束时，茎的顶端孕育成花球，花球的形成标志着营养生长结束。随后进入花球继续生长发育，抽生花薹、花枝、开花结实完成生殖生长阶段。对环境条件的要求可归纳如下。

温为发芽最适温度为 25℃；营养生长的适温为 8~24℃；

花球生长的适温为 15~18℃；

春化最适温度：5~20℃。

光：营养生长期需要长日照和强光；

花椰菜结球期花球不宜接受强光照射；青花菜则必须具备一

定光照条件。

水：喜湿润环境，不耐干旱，耐涝能力也较弱。

肥：适于土质疏松、富含有机质、能灌能排的土壤，适宜的土壤 pH 值为 6.0~6.7；为喜肥耐肥性作物。

在实际栽培应用中，花椰菜根系发达，再生能力强，适于育苗移栽。0℃以下易受冻害，25℃以上形成花球困难。叶丛生长与抽薹开花要求温暖，适温 20~25℃。花球形成要经过低温春化阶段。花椰菜对光照条件要求不严格，而对水分要求比较严格，既不耐涝，又不耐旱。对土壤的适应性强，但以有机质高，土层深厚的沙壤土最好。适宜的土壤酸碱度为 5.5~6.6。耐盐性强，在含盐量为 0.3%~0.5% 的土壤上仍能正常生长。

主根基部粗大，根系发达，主要根群分布在 30cm 大耕作层内。高 60~90cm，被粉霜。茎直立，粗壮，有分枝。

基生叶及下部叶长圆形至椭圆形，长 2~3.5cm，灰绿色，顶端圆形，开展，不卷心，全缘或具细牙齿，有时叶片下延，具数个小裂片，并成翅状；叶柄长 2~3cm；茎中上部叶较小且无柄，长圆形至披针形，抱茎。茎顶端有 1 个由总花梗、花梗和未发育的花芽密集成的乳白色肉质头状体；总状花序顶生及腋生；花淡黄色，后变成白色。长角果圆柱形，长 3~4cm，有 1 中脉，喙下部粗上部细，长 10~12mm。种子宽椭圆形，长近 2mm，棕色。花期 4 月，果期 5 月。营养生长期茎梢短缩，茎上腋芽不萌发，阶段发育完成后抽生花茎。叶披针形或长卵形，营养生长期具叶柄，并具裂片，叶色浅蓝绿，有蜡粉。

一般 20 多片叶子构成叶丛。花球由肥嫩的主轴和 50~60 个一级肉质花梗组成；一个肉质花梗具有若干个 5 级花枝组成为小花球体。花球球面呈左旋辐射轮纺排列，轮数为 5。正常花球呈半球形，表面呈颗粒状，质地致密。在栽培上有时出现"早花"、

"青花"、"毛花"与"紫花"现象。"早花"是植株营养生长不足，过早形成花球。花球表面花枝上绿色苞片或萼片突出生长，表现为"青花"。花球的花枝顶端部位，花器的花柱或花丝非硕序性伸长为"毛花"。"毛花多在花球临近成熟期骤然降温、升温或重雾天易发生。"紫花"是花球临近成熟时，突然低温，醣苷转化为花青素，幼苗胚轴紫色的品种易发生。花枝顶端继续分化形成正常花蕾，各级花梗伸长，抽薹开花。只有一部分花枝顶端能正常开花，多数干瘪或因其他原因而腐败。复总状花序，完全花。花萼绿或黄绿色；花冠黄或乳黄色。四强雄蕊，子房上位。异花授粉，虫媒花。长角果，先端喙状，成熟后爆裂，每个角果含种子十余粒，千粒重 3~3.5g。开花时，骤然霜冻，能引起单性结实，形成无种子肥胖空角。

四、花椰菜栽培的主要形式

（一）花椰菜春季高效栽培技术

1. 花椰菜早春露地高效栽培技术

适合春季栽培的中早熟花椰菜品种有雪峰、津雪 88、瑞雪、云山一号等，这些品种具有整齐度好、生长势强、花球洁白紧实、商品性好、白覆盖能力高、抗病性较强等显著特点。

（1）培育壮苗。

① 配制营养土，做好苗床。一般每墒大田需播种床 $1m^2$，分苗床 $25m^2$，需要配制营养土 $2m^2$。于播种前 5 天，将园田表土和充分腐熟的有机肥按 7∶3 的比例混合，加入干鸡粪 3~5kg、草木灰 10~20kg、磷酸二铵 15~20kg，过筛充分混匀。在配制营养土的过程中，边混合边喷、用 50% 多菌灵可湿性粉剂 80g/亩（1 亩 ≈ 667m²，全书同），另加 40.7% 乐斯本乳油 80~150ml/亩，以消灭病菌和虫卵，然后用塑料薄膜覆盖 3~4 天，闻不到

药味即可使用。

②育苗和播种。播种前苗床内浇足底水，水渗下后均匀地撒一层营养土，再把种子均匀撒播在苗床的一头，播后盖营养土（约为种子高度的 3 倍）。苗床上应加盖小拱棚，以利于保温保湿，促进出苗。播种后温度白天保持在 20~25℃，夜间保持在 10~15℃。齐苗后适当降温，白天保持在 15~20℃，夜间保持在 6~8℃。第 1 片真叶顶心时，白天保持在 15~18℃，夜间保持在 10~12℃，促进幼苗尽快生长。当幼苗 3 叶 1 心时，按大小苗进行分苗，株行距 10cm×8cm 或 10cm×10cm。分苗后至缓苗前，白天温度保持在 20~22℃，夜间保持在 11~13℃；缓苗（心叶开始生长）后白天保持在 16~18℃，夜间保持在 6~8℃；定植前 7~10 天逐步加大放风量，进行低温炼苗，3~4 天后看到新根长出即可定植。

③壮苗标准。苗健壮，叶面积大，叶色浓绿，叶片肥厚，茎粗壮，节间短，有 7~8 片真叶，根系发达，无病虫害。

（2）适期定植。春花椰菜露地定植不应过早，以免地温低，植株缓苗慢；若定植过晚，则成熟期推迟，形成花球时高温，会使花球品质变劣，产值低。一般日均气温稳定在 6℃以上才适宜定植，山东地区多在 3 月中下旬到 4 月初定植，如采用地膜覆盖栽培，定植期可提前到 3 月中上旬。按株行距 40cm×50cm 开穴，放好秧苗埋土，深度以秧苗土地与畦面相平为宜。要小心搬运秧苗，保持土地完好，不伤根系，利于缓苗。栽好后浇 1 次定植水，水量应小，以免降低地温，影响缓苗。

（3）田间管理。

①水肥管理。定植后要及时中耕松土，先划破地皮后锄，但不能太深，以免破坨伤根。定植后 7~10 天，植株缓苗后开始生长，此期可以结合浇缓苗水进行第 1 次追肥，每亩追施尿素

6~7kg，并中耕 1~2 次，以提高地温，促进根系生长发育。追肥后浇水 1~2 次，促进莲座叶的生长。在莲座叶封垄前，结合中耕进行培土，并控制水肥供应，适当蹲苗。花椰菜对蹲苗时间要求严格，蹲苗时间短则容易徒长，形成小花球和散花；蹲苗时间过长，则叶片小，生长差，花球出现早，同样也容易形成小花球和散花。当花球直径达到 2~3cm 时结束蹲苗。当花球直径超过 10cm 时，可视情况再追 1 次肥。

② 及时盖花球。为防止阳光直射导致花球变黄、变绿，降低品质，可用两种方法盖花球，一种方法是摘下植株基部 1~2 片老叶盖在花球上，这种方法简单易行，但叶片很快会晒干，需更换新叶；另一种方法是将莲座叶顶部用稻草等扎起来，但不要过早，扎时要松紧适度。

（4）适时采收。适时收获是保质保量的重要措施，如果花球采收过早，则影响产量；采收过晚，则花球易散，品质下降，使商品价值降低。当花球已充分肥大、表面平整、质地致密、表面凹凸少、花球未散开时为采收适期。早春露地栽培的花椰菜，一般情况下采收期比较短，只有 4~5 天，应有计划地安排采收时间及时采收，一般于 5 月中旬采收完毕。采收时可保留 4~5 片外叶，以保护花球在装运过程中不受污染。

2. 大棚花椰菜春季高效栽培技术

（1）品种选择。适合春季大棚栽培的早熟品种有白峰、津雪50、耶尔福、法国菜花等，这些品种在 11 月中旬至 12 月上旬播种育苗，12 月下旬至翌年 1 月上旬定植到大棚中，集中在 4 月下旬至 5 月中旬采收。此期，正值花椰菜供应淡季，花球价格较高，经济效益好。

（2）育苗要点。育苗地选用地势高燥、排水良好、阳光充足的地块，采用营养钵育苗。配育苗土时注意施些磷、钾肥，以利

于壮苗，还要在每立方米营养土中掺入 100~150g 敌克松或 50% 多菌灵防治立枯病和猝倒病。每钵 1~2 粒种子，亦可先在苗床上播种，2 叶 1 心时分入营养钵。播种后如遇冷空气，可在大棚内搭小拱棚，棚内最低温度不应低于 8℃，出苗后拔除病弱苗。为培育壮苗，在 3~4 叶后要不断拉大营养钵之间的距离，定植前 7~10 天低温炼苗，夜间逐步降到 2~5℃，以适应大田的生长环境。

（3）定植。应选择晴天定植到大棚内。定植前先施肥整地，每亩施腐熟的有机肥 5 000kg、磷酸二铵 20~25 kg。可采用平畦栽培，也可起垄栽培，株距 55~60cm。平畦宽 1.1~1.2m，垄宽 60cm，垄高 15~20cm，垄底宽 25~30cm，垄距 50~60cm。定植后及时浇水，要求浇透但不积水。

（4）加强田间管理。

① 温度管理。为了促进缓苗，定植后浇水要适中，忌大水，浇水后要注意闷棚 7~10 天。在幼苗开始生长时，大棚的放风口由小到大，使棚内温度白天保持在 20℃左右，最高不得超过 25℃，夜间 5~10℃。缓苗后，白天棚温超过 25℃时，需进行通风，注意不要放底风。中后期随着外界气温的升高，要加大放风量，使白天棚温保持在 16~18℃，夜间 13~15℃。上午棚温达 20℃时放风，下午棚温降到 20℃时关闭风口。当外界夜间最低气温达到 10℃以上时，大放风，并不再关风口。

② 水肥管理。定植后影响生长的主要因素是地温和气温，所以夜间棚内可以盖小拱棚。定植后棚内蒸发量不大，不必急于浇缓苗水。幼苗开始生长时可进行中耕，以提高地温。定植后根据病情可选晴天上午浇缓苗水，水量要小，接着中耕，行间深耕，苗周围划破地皮即可。适当蹲苗，一般 5~6 天为宜。中耕能疏松表土，减少水分蒸发，增加地温和土壤的通透性，以促进

土壤中养分的分解，有利于养分的吸收和根部发育，结合中耕及时清除田间杂草。蹲苗后，结合浇水每亩施复合肥 20~25kg、尿素 10kg，以促进植株迅速生长，获得强大的叶丛，有利于花球发育。当植株心叶开始拧抱时，每亩施尿素 10~15kg 和适量的钾肥，以促进结球。在整个发育过程中，肥水管理要本着"少吃多给"的原则，做到畦面见干见湿，保持土壤相对湿度在 70%~80%。当花球直径达 9~10cm 时进入结球中后期，整个植株处于生长高峰期，这时进行最后一次追肥，以满足形成硕大花球的需要。以后根据土壤墒情每隔 5 天浇 1 次水，直至收获，栽培前期浇水最好选择上午。

（5）适时采收。当花球充分长大还未松散时是采收的最佳时期。适时采收是保证花椰菜优良品质的一项重要措施，如采收过早，则影响产量；过晚则花球松散，降低品质，失去商品价值。采收时花球外留 5~6 片小叶，可以保护花球免受损伤和污染。

3. 花椰菜春季地膜覆盖栽培技术

（1）选择适宜品种。春季地膜覆盖栽培的花柳菜品种较多，主要有丰华 60、耶尔福、法国雪球、瑞士雪球等冬性较强的品种，其结球整齐度好，收获期集中。

（2）培育优质壮苗。花椰菜育苗可以在温室或阳畦中进行。阳畦育苗，播种前畦面一定要平整，苗床应充分灌水，使苗床 8~10cm 的土层达到饱和状态。待苗床的水全部渗下后，先撒一薄层过筛细土，再将干种子均匀地撒播在畦面上，每亩用 25~50g。播种后立即覆盖过筛细土，并扣棚，盖上棚膜，以提高地温。也可在营养钵中育苗，营养钵育苗，幼苗健壮，长势均匀。营养土的配制方法是：泥炭土、塘泥、珍珠岩按 5：5：1 的比例充分混合后填装营养钵，轻震后，再装满基质，整平（以营养钵的最上沿为准）。每钵播 1~2 粒，播种后覆土，放入温室

或塑料大棚内，出苗后及时间苗，每钵留 1 株。齐苗后用 0.5%尿素溶液浇 2~3 次，长至 3 片真叶时可用爱多收 6 000 倍液或磷酸二氢钾溶液喷洒一次。

（3）覆膜定植。选择地势平坦的地块，用划行器按 50cm 的行距划行铺膜。苗龄 30 天、4~5 片真叶时定植，定植宜在晴天傍晚或阴天进行，株行距为 60cm×40cm，每亩（1 亩≈667m²，全书同）2 200 株。

（4）田间管理。

① 花椰菜不耐涝，表土见干见湿即可，切忌浸灌、漫灌。莲座期后应适当控水，以促进花蕾形成。定植后 8~10 天应及时松土、培土，促进叶基萌发不定根，培养强大的根系。培土应在叶柄基部下 2~3cm 处，以防止植株倒伏。定植后 10~15 天，距根部 7~10cm 追肥一次，每亩追施尿素 7~10kg，以后视长势酌情追施三元复合肥 15~20kg 或磷酸二铵 15~25kg。花球直径 2cm 时，每亩追施三元复合肥 10~15 kg，如叶片浓绿、肥厚、生长旺盛，也可以不追肥。接近封行时可用爱多收 6 000 倍液或云大 120 果蔬专用型 2 000 倍液加 0.20%磷酸二氢钾溶液喷施一次，现蕾后用 0.05 % 硼砂、0.10% 钼酸铵加 0.20%磷酸二氢钾喷施一次，这样可使花球膨大。

② 防止异常花球。花椰菜在花球膨大期遇高温、多雨或少日照天气时易出现黄花球，若遇强光易出现焦蕾。为了避免这一现象发生，栽培时要适量施肥，防止肥力过剩。现蕾期、花球膨大初期各施复合肥 1 次，切忌偏施氮肥，适当补施微肥。在花球如鸡蛋大小时，从植株基部摘一片叶盖球，防止阳光直射，保持花球洁白。花椰菜栽培中表面出现毛状物主要是由花柄伸长、器官分化及萼片形成所致，一般为黄绿色或紫色。栽培时要适时定植，一般以 25~28 天的壮苗为宜，同时勤中耕松土，促进缓苗。

早追肥，在现蕾期和花球膨大期各施一次复合肥。干旱缺水时，要适时浇水，保持土壤湿润。

（5）及时采收。花椰菜表面圆整、边缘未散开时为采收适期，应及时采摘。采收时，每个花球应留几片叶子，以保护花球在运输途中不受损伤。

4. 日光温室早春花椰菜栽培技术

（1）品种选择。宜选择早熟、耐寒、冬性强的品种。如荷兰48、日本雪山、瑞士雪球、法国雪球等。

（2）育苗。播后苗前温度提高；出齐苗后降温；两叶一心时分苗；分苗后提高温湿度促进缓苗。定植前 7~10 天炼苗；苗龄 60 天。

（3）整地定植。

整地施肥：耕地时每 667m^2 铺施优质农家肥 5 000kg，过磷酸钙 50kg，复合肥 25kg，硼砂和钼酸铵各 50g，混入基肥发酵后施入。做成宽度为 80cm 的小高畦，畦高 15cm，沟宽 30cm，覆盖地膜。

定植：行距 50cm，株距 40cm 定植。

（4）定植后的管理。

① 温度管理。缓苗期间 25~30℃ /10℃；幼苗开始生长时：22℃；莲座期：15~20℃ /10℃；花球生育期：15~18℃。

② 肥水管理。缓苗后浇缓苗水，施肥，中耕。莲座期叶形成时，结合浇水再追肥，每亩施腐熟豆饼 50kg 或尿素 10kg。3~5 天后再浇 1 次水，然后开始蹲苗。花球直径 2~3cm 时结束蹲苗，结合浇水每亩追施复合肥 20~25kg。花球迅速膨大，每 5~7 天浇 1 次水。每 15~20 天用 0.05% 的钼酸铵或 0.2% 的硼酸进行叶面喷肥。

③ 光照管理。花球生育期不需进行遮光处理。

5．收获

当花球充分肥大，表面洁白鲜嫩，质地光滑，边缘花枝尚未展开，要及时采收。采收时用刀割下花球，留下靠近花球的三片叶。

6．花球异常原因及防止

（1）不结球现象。

原因：一是晚熟品种播种过早；二是适宜春播的品种用于秋播；三是植株在营养生长时期氮肥供应过多。

防止措施：一是根据不同栽培季节选择适宜的品种；二是适时播种；三是合理施肥。

（2）"散球"现象。

原因：一是选用的品种不适合；二是苗期受干旱或较长时间的低温影响；三是定植过早或定植过晚；四是肥水不足。

防止措施：一是选用适宜的品种；二是培育壮苗；三是适期定植；四是定植后花球形成前有较大的营养面积。

（3）花球老化现象。

原因：一是栽培过程中缺少肥水；二是花球生长期受强光直射；三是花球已成熟而未及时采收，容易变黄老化。

防止措施：一是加强肥水管理；二是光照过强时用叶片遮盖花球；三是适时采收。

（二）花椰菜夏季栽培技术

1．高山越夏反季节花椰菜高效栽培技术

（1）品种的选择。由于反季节栽培花椰菜其整个生育期处在高温环境，需选择耐热、抗病的早熟品种，主要有喜美60天、庆农65天、庆农70天、青秀65天、农美70天、丰田65天、丰田70天、丰农65天等。

（2）育苗。

① 育苗前的准备。选择地势高燥、通风凉爽、能灌能排、土壤肥沃的地块作苗床，于播种前深翻晾晒，打碎土块。每亩施腐熟过筛的农家粪肥 1 000~1 500kg、复合肥 5~8kg，使土肥混匀。整畦，在畦与畦之间挖宽 30cm、深 10~15cm 的沟与排水沟相连，以利于排水。

② 播种。在高温多雨季节，撒播育苗难以保全苗，分苗后不易成活。为克服这一难题，现多采用营养块育苗技术。在事先准备好的苗床上浇透水，耙碎表层土，并把畦面抹平整，然后按 8~10cm 见方在苗床上划深约 5cm 的方格。稍晾晒后，在方块上用手指（或小棍子、小竹竿）扎深约 0.5cm 的穴，按穴播种，每穴 1 粒。播种后覆盖厚 0.5cm 的过筛营养土，并覆盖一层稻草保湿防晒，2~3 天后撤去稻草。

③ 苗期管理。播种后及时搭遮阳棚，可用遮阳网和塑料薄膜做小拱棚，防暴雨、暴晒，但薄膜切忌盖严，四周需离地面 20~30cm，以利于通风降温，防止烤苗。出苗后遮阳网要按时揭盖，阴天不盖，降雨时临时加盖薄膜，至定植前几天完全不盖，进行炼苗。当幼苗出齐浇水后，在幼苗根际覆营养土 1~2 次，避免根部外露和倒伏，还可保 1 墒，降低土温，调节小气候。苗期可视菜苗生长情况追施 1~2 次稀薄人粪尿或尿素，追施尿素后立即浇水，洗去沾在叶片上的肥料。注意出苗后要及时防治病虫害。

（3）栽培与管理。

① 定植前的准备。选择土壤肥沃、能灌能排的田块栽培，切忌与十字花科作物连作或重茬，否则病虫害发生较重。施足基肥，越夏反季节栽培的花柳菜为早熟品种，生长期短，对土壤营养的吸收比中晚熟品种少，但生长迅速，对营养的需求迫切，基

肥应以速效性复合肥为主，用腐熟的人粪尿或复合肥与腐熟的农家肥混合施用。按畦带沟宽 L 3m 开种植穴，各地条件不同，要因地制宜定畦长，行距 50cm，株距 40~50cm。定植前每亩施基肥 3 000~5 000 kg 或 25kg 复合肥、多元素硼锌肥 0.7~1kg，作为基肥施入种植穴底，与穴底土壤拌匀。

②定植。由于在越夏季节种植早熟品种，整个生育期都处在高温环境中，植株生长较快，很容易早开花，应严格控制苗龄在 25 天左右。当幼苗长到 4~5 片叶时，提前一天浇透水，以便定植时起坨。为了避免刚刚栽植的幼苗受到中午强光和高温的伤害，宜在阴天或傍晚定植。起苗时要做到不松地、不伤根，随起随栽，定植后随即浇水，干旱时栽后 2~3 天宜每天浇水，以利于缓苗。

③田间管理。要获得高产优质的花球，必须在通过春化之前具有强大的叶簇。因此，叶簇生长期间要及时满足对水分和养分的要求，使叶簇旺盛生长。缓苗后进行第一次追肥，每亩施硫酸铵 15kg 或尿素 7~10kg，并浇水中耕；追肥约 7 天后进行第二次追肥，每亩施三元复合肥 15~20kg，随后浇水。浇两次水后浅中耕一次，以后视植株生长情况再施 1~2 次薄肥。出现拇指大小的花球后，随稀粪水，每亩追施 15kg 复合肥、5kg 尿素和 10kg 硫酸钾或相当数量的草木灰。以后不再追肥，可根据情况及时浇水，缺硼、钼元素的地块，要及时根外追施硼肥和钼肥，浓度为 0.2%~0.5%。在高温干旱时，除追肥、浇水外，还要沟灌"跑马水"。总之，定植后保持土壤湿润，营养充足，不受涝、不受旱，在整个生育期内肥水管理应一促到底。如遇台风季节，应结合中耕除草进行培土，防止大风吹倒植株，影响正常结球。

（4）收获。

当小花球拳头大小时，用叶盖球防晒。可用内叶盖在花球上或用稻草将内叶束捆包住花球，最好选择无病斑母叶，扭转到中央将花球遮盖。当花球已经肥大、质地致密、表面平整、没有散开时为采收适期，采收时砍下花球，每个花球带 4~6 片叶子，以够保护花球为度，避免在装篮（袋）或运输途中损伤。采收过早影响产量，过晚则品质下降。

2. 大棚花椰菜夏秋延迟高效栽培技术

（1）品种选择。可选择荷兰雪球、豫艺秋美等中晚熟品种。

（2）播种育苗。一般 7 月底 8 月初播种，可直接播种于黄瓜拉秧后的棚地内，棚顶覆盖薄膜防雨，中午强光时再覆盖一层遮阳网。播前苗床地要施足基肥，深翻作畦，耙平畦面，浇足底水后播种，覆盖细土 1~1.5cm。干旱时喷水浇苗。2~3 片真叶时分苗，分苗株行距 10cm × 10cm，定植前浇透水后切方块。

（3）整地定植。花椰菜一般于 8 月底 9 月初定植。定植前 15 天，每亩施优质圈肥 5 000kg，深翻、耙平后做成 1~1.2m 宽的平畦。定植起苗时尽量带土坨，以免伤根。定植时株行距 50cm × 50cm。畦内开穴、浇水，水渗下后栽植。

（4）田间管理。定植几天后浇一次缓苗水，地表见干时再浇一次。进入莲座期后适当蹲苗，促进花球分化。花球形成初期、中期结合浇水重施速效肥料，并注意磷、钾肥的适量配合。10 月中下旬，可于棚架上覆盖薄膜。为提高经济效益，可以假植，方法是：10 月中下旬，将花椰菜植株连根掘出，直接假植于棚内，之后再加盖塑料薄膜，白天温度保持在 15~20℃，夜间温度保持在 6~10℃，使花球继续生长，延迟收获。

（5）采收。当花球直径 15~18cm、质地紧密洁白时采收，花球下需保留 5~7 片嫩叶，以保护花球在运输、销售过程中不受损伤和污染。

（三）花椰菜秋季露地栽培技术

（1）选择适宜的品种。因为夏末秋初高温多雨，病虫害严重，后期降温迅速，适于花椰菜生长的天数少，所以对秋花椰菜品种的选择特别重要，一般以生育期短、耐热、抗病、适应性强的早中熟品种为宜。秋季栽培的品种主要有日本雪山、秋雪55、神良78、秋雪50等。

（2）适时播种，培育壮苗。选择适宜的播种期是关键环节之一，通常在6月底7月初播种最适宜。由于播种时正值高温多雨季节，一般稀播不分苗，快速培育壮苗。这样幼苗苗龄短、不伤根，定植后缓苗快、发棵早，受病虫危害轻。播前畦面要整平耙细，防止浇水后畦面不平，然后适量灌水浸润苗床，待水渗下后，种子掺细土撒播，每平方米苗床用4g左右。撒播要均匀，播种后苗床均匀覆盖过筛细土0.5cm厚。由于正值雨季，覆土不可太厚，否则种子出土困难。从播种至出苗大约需7天，此期如下雨，要及时使用塑料薄膜覆盖，以防雨水漫畦。出苗后及时去除覆盖物，防止幼苗徒长。苗期注意及时防治蚜虫和菜青虫。水分管理的原则是保持土壤见干见湿，不蹲苗，及早间苗，通常幼苗露心时即可间苗。苗子有4~6片叶时定植，每亩定植2 800~3 000株。

（3）整地定植，精细管理。定植地块要求土壤肥沃、能灌能排，结合整地施足底肥，每亩施优质腐熟的有机肥4 000~5 000kg、磷酸二铵50~60kg、草木灰50~100kg作基肥，然后整平作畦。当幼苗具有5~6片真叶时及时定植。定植不可过早，否则病毒病发病严重。定植选择晴天下午或阴天无风时进行，定植时不要埋根过多，防止死苗或发生侧芽。栽培密度因品种而异，早熟品种每亩种植3 500~4 000株，中晚熟品种每亩种植3 000~3 300株。定植后及时浇水，要求浇透不积水，促使幼苗缓苗快，早发棵。

（4）田间管理。秋花椰菜一般不蹲苗，整个生育期以促为主。

① 及时中耕。中耕能促使根系及早发育，增加土壤通气性，促其早发新根。一般至莲座期之前，中耕次数不得少于 4 次。莲座期以后要少中耕，以免伤叶伤根，不利于植株生育。

② 及时浇水防旱。前期由于地温过高，宜在晚上或早晨浇水，并以小水勤浇的方法降低地温，以利于植株生长。

莲座期及花球形成期为需水关键期，此期植株生长速度快，需水量大，一般每隔 2~3 天浇一次水，保持土壤见干见湿，以促进莲座叶生长及花球增大。如此期干旱，则易出现小而薄的花球，产量及商品性降低。

③ 适时、适量追肥。前期应供给植株足量的氮肥，以促进莲座期叶生长，并提高其光合效率。一般在缓苗后及莲座前期结合浇水分 2 次追施尿素和复合肥，每次每亩追施 15~20kg。为促进花球增大，在花球形成前期每亩可追施复合肥 25kg 或进行 3~5 次叶面喷肥（0.3% 的磷酸二氢钾溶液）。为防止裂球及黑斑病的发生，可于花球膨大期采用 0.2%~0.5% 的硼酸溶液进行叶面喷肥。

（5）及时采收。采收的标准是花球充分长大，颜色洁白，球体表面平整，边缘尚未散开。采收花球时最好能带几片嫩叶，以保花球新鲜，并减少磨损。由绒毛花枝构成的花球出现缝隙时为最佳收获时期，采收时要注意留 3~4 片叶，用刀从花球基部割下，利用小叶保护花球，以免在运输途中被污损。

（四）花椰菜露地越冬栽培技术

（1）品种选择。

花椰菜品种的耐寒能力是决定其能否越冬的首要因素，生产

上应严格选择品种。选种时应以优质、高产、耐寒、抗病的品种为主;要求可耐 -15~-10℃ 的短期低温,生育期 180 天以上,耐寒性强,花球肥大,品质优良,增产潜力大。适宜的品种有傲雪 1 号、傲雪 2 号、冬花 3 号、冬花 5 号、川岛越冬花菜、舞钢雪球等。

(2)培育壮苗。

① 苗床。应选择地势较高、平坦、通风排水良好、土质肥沃、未种过十字花科或甘蓝类蔬菜的地块作苗床,每亩大田需苗床 16.8m²(宽 1.2m,长 14m),苗床高 25 cm。播种前 10~15 天深翻整地,每亩施入腐熟的鸡粪 900~1 100kg、磷酸二氢钾 80~85kg、多菌灵 15~20 kg、敌百虫 3~5kg。晒 10 天以上,耕翻作畦,取出部分熟土过筛堆放,备作覆土用。

② 精细播种。根据品种生长期的长短,适宜播期为 7 月下旬至 8 月初,最晚于 8 月 10 日之前播种。播种过早,由于高温高湿天气,幼苗会发生病害;播种过晚,越冬前植株营养体难达适度大小,影响适期定植,不利于安全越冬。播种前浇水,使土层达到饱和状态。播前要进行种子消毒,一般可用 50% 扑海因可湿性粉剂 800 倍液浸种或用 50% 福美双可湿性粉剂拌种。采取撒播的方式,每墒需 30~40g 种子,播后覆盖 0.5cm 厚的过筛细土。

③ 苗期管理。播种后要在拱架上覆盖遮阳网降温保湿,出苗前保持土层潮湿,播种后 3 天出苗,4~5 天出齐苗。在晴天下午 5 时后揭掉遮阳网,雨天盖农膜防雨,雨后及时揭膜降温。当出现第一片真叶时间苗,除去残苗、病苗、叶形不好的苗。2 叶 1 心至 3 叶 1 心时分苗,行株距为 6cm × 8cm,同时注意防治苗期病虫害、草害。

(3)适时定植,合理密植。于 8 月底至 9 月初定植。定植前整地施肥，每亩施腐熟的有机肥 4 000~5 000kg、碳酸氢铵 60kg、磷肥 50kg、钾肥 30kg，为适期定植做好准备。当苗龄达到 30 天、5~7 片真叶时，选择晴天下午或阴天定植。行距 50~55cm，株距 50cm，每亩定植 2 400~2 600 株。

（4）田间管理。

① 中耕培土。定植后及时浇缓苗水，待地表稍干即进行中耕松土，适当蹲苗。连续中耕 2~3 次，先浅后深，以提高地温，增加土壤的透气性，促进根系发育。结合中耕适当培土，护好根系，有利于越冬。

② 水肥管理。定植后浇一次水。一般在 9 月底 10 月初追施尿素 12~17kg/ 亩，并及时浇水。11 月上旬开始控制肥水，使其生长粗壮。越冬时有 13~18 片真叶为好，在"小雪"前后及时浇好越冬水。花椰菜一般 2 月中旬开始返青，要及时浅锄保墒。若地干旱，则应及时浇水，浇水的同时追施尿素 12~17kg/ 亩。3 月中旬开始出现花球，花蕾初现时重施膨花肥，每亩施三元复合肥 30 kg，施肥后浇水。在花球膨大后期每 5~7 天浇一次水，叶面喷施 0.3%~0.5% 的硼砂与磷酸二氢钾混合液，4~6 天喷一次。当花球直径 5~10cm 时，及时将近花球的 2~3 片叶束住或折覆于花球表面，用竹签固定，遮严花球，这样可以避免花球发紫、变黄影响品质和商品的性状，确保花球洁白、细嫩，增加经济效益。

（5）适时采收。

按花椰菜现蕾时间的早晚，及时采收上市。当花球充分长大、洁白鲜嫩，表面致密且圆整坚实，边缘花球尚未分散开时为最佳采收期。早收虽能抢到产值，但产量不高；晚收易造成花球松散，失去了市场竞争力。收获时要保留 4~5 片叶包被花球，以免运输中损伤，影响花椰菜的商品性。

（五）青花菜栽培技术

1. 品种选择

露地栽培选用早熟耐热品种，如里绿、玉冠、翠光、绿王2号等；设施栽培选用耐寒性强的中晚熟品种，如哈依姿、绿族、阿波罗、峰绿、矾绿等。

2. 育苗

青花菜育苗方式与其品种特性和茬口安排有关。一般采用露地播种加遮阳网覆盖降温加农膜覆盖防雨的方式育苗。大部分地区都采用在穴盘中添加基质的方法，也可采用苗床直播加遮阴避雨措施。

3. 整地定植

整地定值方法可参考花椰菜整地定植方法。定植地块要求土壤肥沃、能灌能排，结合整地施足底肥，每亩施优质腐熟的有机肥 4 000~5 000kg、磷酸二铵 50~60kg、草木灰 50~100kg 作基肥，然后整平作畦。当幼苗具有 5~6 片真叶时及时定植。定植不可过早，否则病毒病发病严重。定植选择晴天下午或阴天无风时进行，定植时不要埋根过多，防止死苗或发生侧芽。栽培密度因品种而异，早熟品种每亩种植 3 500~4 000 株，中晚熟品种每亩种植 3 000~3 300 株。定植后及时浇水，要求浇透不积水，促使幼苗缓苗快，早发棵。

4. 定植后的管理

肥水管理要求缓苗后 10~15d 每亩追施尿素 10kg，磷酸二铵 15kg；顶花蕾出现时每亩追施腐熟豆饼 50kg，或优质大粪干 1 000kg；花球膨大期叶面喷施 0.05%~0.1% 的硼砂溶液和 0.05% 的钼酸铵溶液。顶花球收获后，侧花球每次采摘花球后施肥 1 次，可采收 2~3 次侧花球。其他管理方面，顶花球专用种，在花球采收前，应摘除侧芽；顶、侧花球兼用品种，侧枝抽生较多，一般选留健壮侧枝 3~4 个，抹掉细弱侧枝，可减少养分消耗。

5.收获

花球充分长大，花蕾颗粒整齐，不散球，不开花时及时采收。采收前 1~2 天可灌一次水；清晨和傍晚为好，采收时花球周围保留 3~4 片小叶。

有机花椰菜生产规程

一、有机花椰菜生产对环境的要求

花椰菜是以由花原基集合体和肥大的花茎组成的花球为食用器官，而花球器官对环境条件要求严格，相对于其他蔬菜而言对不良环境适应性差，以致在生产过程中，往往容易出现异常花球的现象，轻则影响品质和产量，重则绝收。因此，了解花椰菜对环境条件的要求是获得花椰菜优质高产的重要环节。

（一）有机花椰菜生长的土壤条件

花椰菜是喜肥、耐肥蔬菜，对土壤要求严格，适宜在有机质丰富、疏松肥沃、耕作层深厚、质地疏松、排水保水保肥力较好、富含有机质的微酸性到中性的壤土或沙壤土中栽培生长。在肥沃的轻度盐碱地也能获得好收成。花椰菜最适合的土壤酸碱度为 pH 值 6~6.7。在整个生长期要有充足的氮、磷、钾供应。花椰菜在整个生长期都要供给氮素营养，增加花球产量，提高花球品质，特别是在叶簇生长期和花球膨大期，对氮的要求非常高，更要供给充足的氮素养料，它可促进花。幼苗期氮肥对幼叶的形成和生长影响特别明显，氮充足幼苗生长就繁茂健壮，反之植株矮小，叶片数少而短，地上部重量轻，容易出现提早现球的现象。花芽分化前缺氮不仅影响茎叶生长，也会抑制花球的发育。

磷、钾对幼苗生长、花芽分化、叶球增大都非常重要，磷肥可促进花椰菜的茎叶生长和花芽分化，特别是在幼苗期，磷对叶的分化和生长有显著作用。如果缺磷，叶片边缘出现微红色，植株叶数少，叶短而狭窄，地上部重量减轻，同时也会抑制花芽分化和发育。在花芽分化到现球期间，如缺磷，会造成提早现球，甚至影响花球的膨大而形成小花球，降低花球产量。因此在幼苗期及花芽分化前后，必须充分供应磷肥。钾肥影响叶的分化，这种影响虽没有氮、磷那样明显，但如果缺钾，植株下部叶片因钾向上部叶片移动而首先黄化，叶缘与叶脉间呈褐色；同时，缺钾不利于花芽分化及以后的花球膨大，造成产量降低。所以，在栽培过程中，不论是基肥或追肥都应有充足的磷、钾肥，以促进糖分的积累和蛋白质的形成，有利于花芽分化和花球形成。花椰菜虽然是喜肥、耐肥蔬菜，但在整个花椰菜生长过程中，要注意合理施肥。如果盲目大量施用氮肥，很可能会适得其反。除三大要素外，微量元素对花椰菜的生长发育也有一定的花椰菜对硼和钼的需求量高，对硼、钼、镁等微量元素十分敏感。缺硼常造成花球中心开裂，花球变为锈褐色，味苦。缺镁时老叶变黄。花椰菜在生产过程中如发现缺硼或缺钼的症状要及时进行叶面喷肥。常年连作的地块容易引起缺钼。硼肥采取灌根进行根外施肥效果更佳。

在莲座期，如果土壤过酸，会阻碍钙的吸收，出现弯形叶、鞭柄叶或畸形叶；叶缘，特别是叶尖附近部分变黄，出现缘腐。如果在前期缺钙，植株顶端部的嫩叶呈黄化，最后发展成明显的缘腐；在多肥、多钾、多镁的情况下，钙的吸收也会受阻，表现出缺钙的症状；花球膨大期土壤缺钙易发生黑心病，出现裂球现象，土壤干燥，更易阻碍钙的吸收。

缺硼叶缘向内反转，叶脉发展龟裂或出现小叶片，生长点受

害萎缩，出现茎轴空洞，或裂球现象，花球膨大不良，严重时花球变成锈褐色。早期缺硼，会造成生长点停止并产生心腐。

缺钼则出现畸形的酒杯状叶和鞭形叶，植株生长迟缓矮化，花球膨大不良，产量及品质下降。

缺镁则下部叶的叶脉间黄化，降低植株光合作用，最后整个叶脉呈黄化。

如叶片上出现黄色斑点，芽的生长严重受到抑制，新叶细小，则是缺锰的表现；叶尖失绿发白，并且从老叶向新叶发展，则是缺铜的表现。

绿菜花对土壤适应性较广，适宜的土壤酸碱度为 pH 值 6。但其耐碱性也很强，在 pH 值 8 的土壤也能正常生长发育。在幼苗期和花芽形成期，需要钾比较多。在显球后应增施氮肥，减少钾肥施用量。

所以在花椰菜生产过程中要保证氮、磷、钾营养元素施足的情况下，应注意微量元素的配施。除合理施肥外，在生长期间还应经常保持土壤湿润、薄肥勤施、小水勤浇，才能获得高产。

（二）有机花椰菜生长的水分条件

花椰菜根系较浅，根群多分布在地下 20 厘米，但其植株叶丛大，蒸发量多，因此花椰菜性喜湿润的环境，耐旱、耐涝能力都较弱，对水分要求严格。在空气相对湿度 80%~90%、土壤湿度在 70%~80% 的条件下生长良好，其中对土壤湿度的要求更为严格，土壤水分过多容易发生涝灾。花椰菜在莲座后期及花球形成期尤其需要大量水分。遇干旱缺水，叶片变小变窄、叶柄变长、节间伸长，不能形成花球或花球变小，过早抽薹开花。土壤积水时根系活动受阻，造成烂根甚至死亡。

花椰菜在整个生长期，要有充足且均衡的水分，如果在干旱的条件下，地上部生长受到抑制，叶片小，植株生长量小，导致提前形成小花球，即"先期现球"，失去商品价值，影响产量。因此在花椰菜整个生长过程中，需要充足的水分，但不同的生长时期，对水分的需求有差异。幼苗期，水分不要过多，否则易出现徒长苗，或发生苗期猝倒病。通常来讲，早熟品种在栽培管理上，整个生长期需要大水大肥，形成硕大的营养体是获得高产的关键；晚熟品种进入莲座期可适当地中耕蹲苗，促进根系发育，但现球期后要保证充足的水分，以获得高产。水分过多，土壤中氧气含量下降，影响根系生长，下部叶片黄化脱落，植株出现凋萎，植株矮小，发生涝害。早熟品种发生涝害后，植株矮小，叶片黄化，出现"早花"现象；而晚熟品种在花球膨大期，土壤和空气水分过多，易引起花球腐烂，发生霜霉病、黑腐病、软腐病等病害，同时在花球生长后期，浇水不均匀很容易出现裂球现象。因此，在栽培过程中一定要采取小水勤浇的方法，忌大水漫灌。

（三）有机花椰菜生长的光照条件

花椰菜属长日照作物。但对日照的要求不严格。既喜充足光照，也能耐短期的弱光环境，因此花椰菜不论在阴雨多、光照弱的南方和光照强的北方以及高原地区都能生长良好。充足的光照有利于提高光合作用，增加花球产量，但花球在强光直射下，其花球颜色易由白变成浅黄色，不利于形成洁白的花球。使其商品品质降低，因此在现球后应及时采取折叶或以细绳扎束外叶以达到遮光的目的。在栽培上应选择株型直立、叶内叠抱、护球性好的品种，如津品70、津品66、雪岭1号、雪妃等品种，以达到自然护球、提高花球质量的目的。

绿菜花对光照要求也不严格，但充足的光照能提高花球的品质和产量。

（四）有机花椰菜生长的温度条件

花椰菜性喜冷凉温和的气候，属于半耐寒性蔬菜，忌炎热干旱、也不耐霜冻，对温度要求与结球甘蓝相似，但要比结球甘蓝严格，因为它的耐寒、耐热能力均不如结球甘蓝，是甘蓝类蔬菜中对温度较为敏感的一种蔬菜。气温过低时不易形成花球，且容易通过春化而发生早显株。温度过高则促使花薹伸长，花球松散，失去商品价值。其营养生长期适宜的温度是8~24℃。种子发芽适宜温度为25℃左右。苗期适应能力较强，可忍受短暂的零下低温和35℃左右的高温。花球形成期适宜温度为14~20℃。低于8℃时花球生长缓慢。0℃以下时遭受冷害，高于24℃以上时花球松散或出现绒毛状花蕾，花球品质下降。绿菜花对温度的要求与花椰菜相似，不同之处是种子发芽适宜温度为20~25℃，花球形成适温为15~18℃，气温低于5℃时花球生长缓慢。

花椰菜为绿体春化型植物，其通过春化阶段的范围较宽，一般在5~20℃。早熟品种茎粗5~6mm，展开叶6~7片；中熟种茎粗7~8mm，展开叶11~12片；晚熟种茎粗10mm，展开叶15片，即能感应低温进行花芽分化。不同品种通过春化阶段所需的低温也不同：极早熟品种为20~22℃，早熟品种为17~18℃，完成春化阶段时间为15~20天；中熟品种12℃左右，完成春化阶段时间为20~25天。花椰菜喜温和的气候，其营养生长适温约为18~24℃，熟期不同对温度的要求也不同。种子发芽适温20~25℃，在低温下也能缓慢发芽，在温度达到25℃时发芽最快，30℃以上高温也能正常发芽，达到40℃以上时发芽受抑制，在适温条件下一般3天出齐。

幼苗生长发育的适温为15~23℃，但花椰菜幼苗有较强的抗寒、耐热能力，可在12月或翌年1月最寒冷的季节播种，能忍受较长时间0℃及短时间的-5~-3℃的低温。能忍耐35℃以上的高温，但超过 25℃，幼苗瘦弱，根系少不发达，形成徒长苗。莲座期生长适温平均为 15~20℃，并要求一定的昼夜温差。由于品种不同，它的耐热性和耐寒性也有一定差异，秋早熟品种耐热能力强，而晚熟品种耐热性较差；相反，晚熟品种耐寒能力要远远强于秋早熟品种，在黄河以南，许多晚熟菜花可以在露地越冬，人们称之为"越冬菜花"。

一般花球的形成要求冷凉的气候，适温为 15~20℃。在这种温度条件下，花球发育致密、紧实、无毛，品质优良。花球在低温下生长缓慢，若遇 0℃ 以下的低温，花球易受冻害；但温度超过 25℃，花球质量变劣，球面粗糙、变黄、长毛、松散，商品价值降低。春菜花栽培，如果成熟期过晚，6 月收获，花球生长期处于高温下易出现上述现象。一般来讲，早熟品种耐高温能力强，在较高的温度下，花球生长发育正常；但花球生长期如遇连续 10% 以下的低温，花球表面容易着生茸毛和针状小叶而成为"毛花"。反之，晚熟品种耐低温能力较强，在较低的温度下，花球生长发育正常；但花球生长期如遇连续 25℃ 以上的高温，花球表面容易产生紫色茸毛、萼片或荚叶，花球呈紫色。因此在进行花椰菜栽培时，应根据品种特性及当地气候条件合理安排播种期，使花球生长处于最适宜温度条件下，才能获得高产。

二、有机花椰菜生产对肥料选择的要求

花椰菜生长期长，对养分需求量大。据研究，每生产 1 000kg 花球，需吸收纯氮 7.7~10.8kg、五氧化二磷 2.1~3.2kg、氧化钾 9.2~12.0kg，其比例为 1∶0.3∶1.1。其中需要量最多的是氮和钾，特别是叶簇生长旺盛时期需氮肥更多，花球形成期需磷比较多。现蕾前，要保证磷、钾营养的充分供应。另外，花椰菜生长还需要一定量的硼、镁、钙、钼等微量元素。因此，在保

证氮磷钾肥供应的基础上，应加强微量元素的供给。在生产中，充分了解花椰菜的需肥特点、掌握科学的施肥技术，是提高花椰菜产量，改善花椰菜品质的关键。

（一）有机花椰菜生长的肥料种类

1. 农家肥料

指就地取材、就地使用的各种有机肥料。通常由大量生物、动植物残体、排泄物、生物废物等积制而成。

（1）堆肥。是指以各类秸秆、落叶、山青、湖草为主要原料，并与人畜粪便和少量泥土混合堆制，经好气微生物分解而成的一类有机肥料。

（2）沤肥。所用物料与堆肥基本相同，只是在淹水条件下，经微生物嫌气发酵而成的一类有机肥料。

（3）厩肥。以猪、牛、马、羊、鸡、鸭等畜禽的粪尿为主与秸秆等垫料堆积，并经微生物作用而成的一类有机肥料。

（4）沼气肥。在密封的沼气池中，有机物在厌氧条件下经微生物发酵制取沼气后的副产物。主要由沼气水肥和沼气渣肥两部分组成。

（5）绿肥。以新鲜植物体就地翻压、异地施用或经沤、堆后而成的肥料。主要分为豆科绿肥和非豆科绿肥两大类。

（6）作物秸秆肥。以麦秸、稻草、玉米秸、豆秸、油菜秸等直接还田的肥料。

（7）泥肥。以未经污染的河泥、塘泥、沟泥、港泥、湖泥等经嫌气微生物分解而成的肥料。

（8）饼肥。以各种含油分较多的种子经压榨去油后的残渣制成的肥料，如菜籽饼、棉籽饼、豆饼、芝麻饼、花生饼、蓖麻饼等。

2．商品肥料

按国家法规规定，受国家肥料部门管理，以商品形式出售的肥料。包括商品有机肥、腐殖酸类肥、微生物肥、有机复合肥、无机（矿质）肥、叶面肥等。

（1）商品有机肥料。以大量动植物残体、排泄物及其他生物废物为原料，加工制成的商品肥料。

（2）腐殖酸类肥料。以含有腐殖酸类物质的泥炭（草炭）、褐煤、风化煤等经过加工制成含有植物营养成分的肥料。包括微生物肥料、有机复合肥、无机复合肥、叶面肥等。

（3）微生物肥料。以特定微生物菌种培养生产的含活的微生物制剂。根据微生物肥料对改善植物营养元素的不同，可分成五类：根瘤菌肥料、固氮菌肥料、磷细菌肥料、硅酸盐细菌肥料、复合微生物肥料。

（4）有机复合肥料。经无害化处理后的畜禽粪便及其他生物废物加入适量的微量营养元素制成的肥料。

（5）无机（矿质）肥料。矿物经物理或化学工业方式制成，养分呈无机盐形式的肥料。包括矿物钾肥和硫酸钾、矿物磷肥（磷矿粉）、煅烧磷酸盐（钙镁磷肥、脱氟磷肥）、石灰、石膏、硫黄等。

（6）叶面肥料。喷施于植物叶片并能被其吸收利用的肥料，叶面肥料中不得含有化学合成的生长调节剂。包括含微量元素的叶面肥和含植物生长辅助物质的叶面肥料等。

（7）有机无机肥（半有机肥）。有机肥料与无机肥料通过机械混合或化学反应而成的肥料。

（8）掺和肥。在有机肥、微生物肥、无机（矿质）肥、腐殖酸肥中按一定比例掺入化肥（硝态氮肥除外），并通过机械混合而成的肥料。

3. 其他肥料

系指不含有毒物质的食品、纺织工业的有机副产品，以及骨粉、骨胶废渣、氨基酸残渣、家畜、家禽加工废料、糖厂废料等有机物料制成的肥料。

4. 化学合成肥料

即用化学方法合成的肥料。

（二）有机花椰菜生长的施肥原则

肥料是蔬菜的食物，肥料施用的好坏，不仅对当茬作物产生影响，而且对以后作物生长也产生影响。因此，肥科的使用必须满足作物对营养元素的需要，使足够数量的有机物质返回土壤，以保持或增加土壤肥力和土壤生物活性。所有有机或无机（矿物）肥料，尤其是富含氮的肥料应对环境和作物（营养、味道、品质和植物的抗性）不产生不良后果方可使用。

第一，尽量选用国家生产绿色食品的肥料准则中允许使用的肥料种类。可以有限度地使用部分化学合成肥料。

第二，可使用农家肥和商品有机肥料、腐殖酸类肥料、微生物肥料、有机复合肥、无机矿物肥料、叶面肥料和有机无机肥（半有机肥）。

我国菜农一向有重视施用有机肥料的优良传统。重施有机肥料是蔬菜高产稳产的物质基础，在有机肥料的基础上配合施用化学肥料是蔬菜可持续发展的重要保证。这是因为有机肥科和化学肥料是两类不同性质的肥料（表2-1）。有机肥料的优点是化肥所没有的，而化肥的优点正是有机肥料的弱点。只有两者配合施用才能取长补短，充分发挥肥效。至于两者配合比例问题，应视当地有机肥源多少、菜田土壤肥力状况和蔬菜计划产量高低等具体情况而定。

表 2-1　有机肥科与化学肥料性质和特点的比较

有机肥料	化学肥料
1. 含有一定数量的有机质，有显著的改土作用	1. 不含有机质，只能供给矿质养分，没有直接的改土作用
2. 含养分种类多，但养分含量低	2. 养分含量高，但养分种类比较单一
3. 供肥时间长，但肥效缓慢	3. 供配强度大，服效快，但肥效不持久
4. 既能促进作物生长，又能保水保理，有利于化学肥料发挥作用	4. 虽然养分丰富，但某些养分易挥发、淋失或发生强烈的固定作用，降低肥效

　　在无公害生产中，施用有机肥可以显著降低花椰菜等蔬菜中硝酸盐含量；施用沤制的堆肥和生物肥料，可以改变土壤耕作层微生物区系，抑制有害病原菌，减少作物病害。在长期使用化肥的菜田，由于微生物十分稀少，有机质分解受阻，营养元素流失，应进行生物肥料和化学肥料混合使用，以弥补生物肥料中氮含量的不足，又使化肥不易淋失。除传统农家肥外，当前主要使用的人造有机肥，见表 2-2。

表 2-2　当前主要使用的人造有机肥

肥科名称	性质及特点	使用方法
三本农好有机肥	含 N2%，P6%，$K_2O7\%$，有机质 10%，Ca、Mg5%。中性，可改良土壤，是多类藤素专用复合肥	有基肥和追肥两种类型。使用方法见包装袋上说明
益农微生物有机肥	有益微生物和有机质复混生物肥料	基肥每亩施 100kg。可微施和穴施
超大微生物有机肥	天然海洋性、陆生性优质有机营养物质为主要原料的固态微生物肥	基肥每亩施 50kg，追肥每次 5kg
奥普尔有机腐殖酸活性液肥	腐殖酸、腐殖酸盐及 16 种以上氨基酸等有机营养成分，可激发土壤活力，提高有机质及矿物质营养	常规土施或叶面喷施，每亩每次以 75~100 毫升原液加 600~1 000 倍水喷施，施用 2~4 次，每次间隔 10 天

肥科名称	性质及特点	使用方法
高效氨基酸复合微肥	含 10 余种氨基酸等有机营养成分,可提高作物光合作用强度	原液加 300~500 倍水,叶面施肥,做根外追肥
植物动力	含 100 多种有机、无机物,利用装合技术制成植物营养液肥	原液加 1 000~1 500 倍水,叶面施肥,做根外追肥

在有条件的地区提倡推广涂层尿素、长效碳酸氢铵、可控缓释肥料、包裹农药肥料、根瘤菌肥、多元复合肥。

第三,如果不能满足花椰菜生产需要时,允许使用移合肥,但有机氮与无机氮之比不超过 1:1。例如,施优质厩肥 1 000kg 加尿素 10kg(厩肥作基肥,尿素可做基肥和追肥用)。

蔬菜施肥的实践证明,合理施肥是提高蔬菜产量和改善蔬菜品质的重要途径,过量施用氮肥是导致蔬菜硝酸盐含量超标、品质下降的重要原因之一。为了保证蔬菜的卫生品质,适当控制菜田氮肥用量是关键。据试验,有研究者提出每公顿 300kg 氮(N)为氮肥用量的临界值,如果超出此量,蔬菜中硝酸盐的累积就有超标污染的可能性(任祖淦,1997)。其中花椰菜露地栽培的氮肥施用量在 240kg/ 公顷为宜。另据研究,氯化铵和硫酸铵较其他氮肥品种可明显降低蔬菜中硝酸盐的累积。从产量与品质两方面综合考虑,氮肥品种以铵态氮与硝酸态氮各半的硝酸铵为最佳。

此外,有研究表明,化学氮肥与有机肥配合施用能有效控制和降低蔬菜中硝酸盐的累积。对生育期较短的叶菜类和早熟甘蓝等蔬菜,采用一次性基肥较后期追肥对降低硝酸盐含量较为有效。有人认为,蔬菜应采用"攻头控尾","重基肥、轻追肥"的施氮技术,更有利于后期控制蔬菜硝酸盐的累积。

很多研究发现,追施氮肥与收获期间隔的时间对蔬菜中硝酸盐含量的影响很大。据报道,在收获前 14 天施追肥的青菜,其硝酸盐含量为 3 223mg/kg，而收获前 4 天施追肥的青菜，其硝酸盐含量则为 4 022mg/kg，有显著差异。这是因为蔬菜吸收的氮素不管是铵态氮还是硝态氮都需要一个转化时间，形成氨基酸和蛋白质后，体内硝酸盐含量自然就降低了。无公害花椰菜要求产品采收前 20 天内不得追施无机氮肥。因此，氮肥施用安全期是生产无公害蔬菜必须严格执行的一项有效措施，应引起广大菜农的重视。

第四，化学肥料也可以与有机肥、微生物肥配合使用。其比例为 1 000kg 厩肥中加尿素 10kg 或磷酸二铵 20kg，再加适量的微生物肥料。

第五，城市生活垃圾在一定情况下，使用是安全的。但要防止金属、橡胶、砖瓦石块等的混入；还要注意垃圾中所含有的重金属和有害物质。要求所使用的城市生活垃圾必须经过无害化处理，达到标准后方可使用，其标准参见表 2-3。每年每单位面积上的使用量应有所限制。要求每亩黏性土；集施用量不超过 3 000kg，沙性土土填不超过 2 000kg。

表 2-3 城市垃圾农用控制标准

编号	项目	标准限制
1	杂物，% ≤	3
2	粒度，mm，≤	12
3	蛔虫卵死亡率，%	95~100
4	大肠菌值	0.1~0.01
5	总镉（以 Cd 计），mg/kg，≤	3
6	总汞（以 Hg 计），mg/kg，≤	5
7	总铅（以 Pb 计），mg/kg，≤	100
8	总铬（以 Cr 计），mg/kg，≤	300
9	总砷（以 As 计），mg/kg，≤	30

编号	项目	标准限制
10	有机质（以C计），%，≥	10
11	总氮（以C计），%，≥	0.5
12	总磷（以 P_2O_5 计），%，≥	0.3
13	总钾（以 K_2O 计），%，≥	1.0
14	pH 值	6.5~8.5
15	水分（%）	25~35

注：①表中除编号2、3、4项外，其余各项均以干基计算；②杂物指塑料、玻璃、金属、橡胶等

第六，秸秆还田、堆肥区还田、过腹还田（牛、马等牲畜粪尿）。直翻压还田、覆盖还田时，秸秆直接翻入土中，要注意和土壤充分混合，不要产生作物根系架空现象，并加入含氮素丰富的人、畜粪尿，调节碳氮比为20∶1。也可以用一些氮素化肥，调节碳氮比为20∶1。

第七，利用覆盖、翻压、堆沤等方式使用绿肥时，翻压应在生长盛期进行，翻埋深度为15厘米，盖土要压，翻后耙匀。压青15~20天后才能进行播种或移苗。

第八，腐熟的沼气液、残渣及人、畜粪尿可用做追肥，沼气发酵肥的卫生标准见表2-4，严禁使用未腐熟的人粪尿。

表2-4　沼气发酵肥卫生标准

序号	项目	卫生标准及要求
1	密封贮存期	30 天以上
2	高温沼气发酵温度	（53±2）℃，持续2天
3	寄生虫卵沉降率	95% 以上

序号	项　　目	卫生标准及要求
4	血吸虫卵和钩虫卵	在使用粪液中不得检出活的血吸虫卵和钩虫卵
5	粪大肠菌值	普通沼气发酵 10~4，高温沼气发酵 10~1~10~2
6	蚊子、苍蝇	有效地控制蚊蝇孳生，粪液中无孑孓，池的周围无活的蛆、蛹或新羽化的成蝇
7	沼气池残渣	经无害化处理后方可用作农肥

第九，禁止施用未腐熟的饼肥。

第十，叶面肥料质量应符合下列标准。营养成分：腐殖酸 ≥ 8.0%，微量元素（铁、锰、铜、锌、钼、硼）≥ 6.0%。杂质控制：镉 ≤ 0.01%，砷 ≤ 0.002%，铅 ≤ 0.002%。按使用说明稀释，在作物生长期内，喷施 2~3 次。

根据施肥理论——最小养分律可知，在作物产量提高的过程中，首先是氮、磷、钾或先或后成为影响作物产量提高的最小养分，施用相应的大量元素肥科可以取得明显的增产效果。但是随着作物产量的进一步提高，根据土壤养分的变化情况，某种微量元素也可能成为增产的新的最小养分，施用（喷施）微量元素肥料也是作物增产必要的技术措施。近年来，我国农田缺乏微量元素的面积日益增多，因此施用微量元素肥料的效果日趋显著。这说明从养分平衡角度来看，农业生产发展到需要施用微肥的阶段了。据研究，在合理施用氮、磷、钾肥基础上，合理施用微肥，不仅能使蔬菜增产，而且能明显降低蔬菜体内硝酸盐含量，提高维生素 C 和糖分的含量。

合理施用微肥有两种方式：一种是土壤施用固体微肥，如硫酸锌、硫酸锰、硫酸铜和硼砂等；另一种是叶面喷施液体微肥。实践证明，叶面喷施微肥比土壤施用固体微肥效果更好。叶面喷施微肥，除了具有用量少、成本低、见效快和不污染的

优点外，还可避免由于土壤施肥不匀致使局部土壤浓度过高而产生肥害的危险。一般来说，花椰菜对缺锌、缺铁和缺钼阳比较敏感，花椰菜对缺硼、缺钼很敏感，生产上可通过叶面喷施微肥予以补充。

第十一，微生物肥料可用于拌种，也可做基肥和追肥使用，使用时应严格按使用说明书的要求操作。微生物肥料对减少花椰菜硝酸盐含量、改善产品品质有明显效果，应积极使用。

第十二，选用无机（矿质）肥料中煅烧的磷酸盐，质量应符合：有效营养成分 P_2O_5（碱性柠檬酸铵提取）≥ 12%；杂质控制：每含 1%P_2O_5，砷 ≤ 0.004%，铅 ≤ 0.01%，镉 ≤ 0.002%。硫酸钾质量应符合：营养成分 K_2O 为 50%；杂质控制：每含 1%K_2O，砷 ≤ 0.004%，氯 ≤ 3%，硫酸 ≤ 0.5%。

第十三，所使用的农家肥料，必须高温发酵，以杀灭各种寄生虫卵和病原菌、杂草种子，使之达到无害化卫生标准表2-5。堆肥腐熟度的鉴别见表2-6。外来农家肥料应确认符合要求后才能使用。

表2-5　高温堆肥卫生标准

序　号	项目	卫生标准及要求
1	堆肥温度	最高堆温达 50~55℃，持续 5~7 天
2	蛔虫卵死亡率	95%~100%
3	粪大肠菌值	10~1~10~2
4	苍蝇	有效地控制苍蝇孳生，肥堆周围没有活的蛆、蛹或新羽化的成蝇

表2-6　堆肥腐熟度鉴别指标

颜色气味	堆肥的秸秆变成褐色或黑褐色，有黑色汁液，有氨臭味，铵态氮含量显著增高（用氨试纸速测）
秸秆硬度	失去弹性用手握堆肥，温时柔软而有弹性；干时很脆，易破碎，有机质失去弹性
堆肥浸出液	取腐熟堆肥，加清水搅拌后（肥水比例1∶5~10），放置3~5min，其浸出液呈淡黄色
堆肥体积	堆肥体积比刚堆时缩小2/3~1/2
碳氮比（C/N）	一般为（20~30）∶1（以25∶1最佳）（其中五碳糖含量在12%以下）
腐殖化系数	30%左右

第十四，商品肥料及新型肥料必须通过国家有关部门的登记认证及生产许可，质量指标应达到国家有关的标准要求。

第十五，推广平衡（配方）施肥技术。

我国农民长期以来采用的是经验性施肥，通常以当年施肥实践的效果作为次年施肥方案的依据。由于经验性施肥缺乏理论指导，施肥养分比例失衡，从而导致肥料（特别是氮肥）利用率不高，肥效大大降低，同时对环境质量构成威胁。而平衡（配方）施肥是根据作物的营养特性、土壤供肥特点和肥料增产效应，在有机肥料的基础上提出的适宜肥料用量和比例及其相应的施肥技术。平衡（配方）施肥的特点在于施肥定量化，对克服偏施氮肥、控制养分比例失衡起到了决定性的作用。根据农业部行业标准，平衡（配方）施肥是合理供应和调节植物必需的各种营养元素，使其能均衡满足植物需要的科学施肥技术。在全国各地推广应用的结果证明，平衡（配方）施肥与农民经验性施肥（即习惯施肥）相比，一般均能收到增产（10%）、节肥（大于10%）和增收（视价格而定）的综合效果。因此，推广应用平衡施肥（或配方施肥）新技术，是无公害蔬菜生产中一项重要的基础性技术

措施,对促进我国农业可持续发展也有积极作用。

另外,实施氮、磷、钾平衡施肥也是降低蔬菜花椰菜体内硝酸盐含量的有效措施之一。一般北方菜园土壤具有"氮多、磷丰、钾不足"的特点,应推广"控氮、稳磷,补钾"的施肥模式,不仅对增产有利,而且对降低花椰菜体内硝酸盐含量和改善品质有积极的意义。过量施用氮肥固然会使花椰菜硝酸盐含量超标,但是土壤缺磷也会间接促使硝酸盐在花椰菜体内累积,这是因为碳水化合物的运输需要磷,缺磷使碳水化合物运输受阻,导致蛋白质合成减少,而增施磷肥则能降低花椰菜体内硝酸盐含量。值得注意的是,缺磷比过量施氮更易引起花椰菜组织内硝酸盐的累积。此外,增施钾肥能促进蛋白质合成,具有减少花椰菜体内硝酸盐含量的作用,这也是提高蔬菜品质的重要措施。

1. 花椰菜平衡施肥中施肥量的界定

施肥技术一般包括肥料种类、施肥数量、养分配比、施肥时期、施肥方法以及施肥位置等六项内容,每项内容均与施肥效果有关,因此,施肥效果是施肥技术的总体反应。值得注意的是,在各项施肥技术中,施肥量是合理施肥的核心。如果施肥量确定不合理,其他各项技术就没有意义了。施肥量的确定是一个复杂问题,它涉及蔬菜的种类及品种、产量水平、土壤肥力状况、肥料种类、施肥时期以及气候条件等因素。确定施肥量的方法有许多种,下面仅介绍联合国粮农组织推荐的一种方法,即目标产量法,供大家参考。

(1)目标产量法简介。目标产量法是目前国内外确定施肥量最常用的方法。

① 基本原理。该法是以实现作物目标产量所需养分量与土壤供应养分量的差额作为确定施肥量的依据,以达到养分收支平衡。因此,目标产量法又称养分平衡法。其计算式如下:

$$W = \frac{(Y \times C)}{N \times E} - s$$

式中：F——施肥量（kg/hm²）；

Y——目标产量（kg/hm²）；

C——单位产量的养分吸收量（kg）；

S——土壤供应养分量（kg/hm²）[等于土壤养分测定值 × 2.25（换算系数）× 土壤养分利用系数]；

N——所施肥料中的养分含量（%）；

E——肥料当季利用率（%）。

② 参数的确定。实践证明，参数确定得是否合理是该法应用成败的关键。

目标产量 以当地前 3 年平均产量为基础，再加 10%~15% 的增产量为蔬菜的目标产量。

单位产量养分吸收量它是指蔬菜形成每一单位（如每 1 000 kg）经济产量从土壤中吸收的养分量。花椰菜形成单位产量商品菜所需养分总量的数据可从有关书刊、手册中查到。

土壤养分测定值根据菜园土壤氮、磷、钾有效养分的含量划分土壤肥力等级，其参考指标列于表 2-7。可定期利用市场上出售的土壤养分分析仪进行土壤测定。

表 2-7 菜园土壤肥力分级

肥力等级	碱解氮（N） mg/kg	磷（P₂O₅）mg/kg		钾（K₂O）mg/kg	
		露地	保护地	露地	保护地
低肥力	60~80	140~y0	100~200	70~100	80~150
中肥力	80~100	70~100	200~300	100~130	150~220
高肥力	100~120	100~130	300~400	130~160	220~300

2.25 是将土壤养分测定单位 mg/kg 换算成 kg/hm² 的换算系

数因为每公顷 0~20cm 耕层土壤重量约为 225 万 kg，将土壤养分测定值（mg/kg）换算成 kg/hm² 计算出来的系数。

土壤养分利用系数为了使土壤测定值（相对量）更具有实用价值（kg/hm²），应乘以土壤养分利用系数进行调整。一般土壤肥力水平较低的田块，土壤养分级定值很低，土壤养分利用系数应取 >1 的数值，否则计算出的施肥量过大，脱离实际；反之，肥沃土壤的养分测定值很高，土壤养分利用系数应取 <1 的数值，否则计算出的施肥量为负值，难以应用。

肥料中养分含量一般化学氮肥和钾肥成分稳定，不必另行测定。而磷肥，尤其是县级磷肥厂生产的磷肥往往成分变化较大，必须进行测定，以免计算出的磷肥用量不准确。

肥料当季利用率肥料利用率一般变幅较大，主要受作物种类、土壤肥力水平、施肥量、养分配比、气候条件以及栽培管理水平等影响。目前化学肥料的平均利用率氮肥按 35% 计算，磷肥按 10%~25% 计算，钾肥按 40%~50% 计算。

（2）目标产量法计算施肥量的示例设某块菜地为中等肥力土壤，于早春测得土壤速效养分含量为碱解氮 101mg/kg，速效磷（P）35mg/kg，速效钾（K）100mg/kg。计划种植春花椰菜，目标产量 60 000kg/hm²。现按下列步骤计算施肥量。

① 计算 1hm² 产 60 000kg 花椰菜需要养分量经查有关资料，每形成 1 000kg 花椰菜商品菜的养分吸收量需氮（N）3kg，磷（P_2O_5）1.05kg 和钾（K_2O）4kg。因此，1hm² 产 60 000kg 花椰菜：

需氮（N）量：$3 \times 60 = 180 \text{kg/hm}^2$；

需磷（P_2O_5）量：$1.05 \times 60 = 63 \text{kg/hm}^2$；

需钾（K_2O）量：$4 \times 60 = 240 \text{kg/hm}^2$；

② 计算土壤供应养分量为了便于计算施肥量，应先将土壤

养分测定值乘以换算系数使磷（P）转变为五氧化二磷（P_2O_5），钾（K）转变为氧化钾（K_2O）。

土壤碱解氮（N）数值不变；

土壤速效磷（P）$35 \times 2.29 = 80$mg/kg（P_2O_5）；

土壤速效钾（K）$100 \times 1.2 = 120$mg/kg（K_2O）。

根据土壤养分测定值判断土壤肥力等级，选择相应的土壤养分利用系数，接土壤供应养分量 = 土壤养分测定值 $\times 2.25$（换算系数）$\times$ 土壤养分利用系数，计算土壤供应养分量：

土壤供氮（N）量：75mg/kg $\times 2.25 \times 0.58 = 97.88$kg/hm^2；

土壤供磷（P_2O_5）量：80mg/kg $\times 2.25 \times 0.22 = 39.6$kg/hm^2；

土壤供钾（K_2O）量：120mg/kg $\times 2.25 \times 0.54 = 145.8$kg/hm^2。

③ 计算应施养分量以需要养分量减去土壤养分供应量即得应施养分量。

应施氮（N）量：$180 - 97.9 = 82.1$kg/hm^2；

应施磷（P_2O_5）量：$63 - 39.6 = 23.4$kg/hm^2；

应施钾（K_2O）量：$240 - 145.8 = 94.2$kg/hm^2。

④ 计算化肥用量。按尿素含氮（N）46%，当季利用率为35%计算，则按普通过磷酸钙含五氧化二磷（P_2O_5）14%，当季利用率20%计算以上化肥施用量，基本上符合花椰菜的养分推荐量，但在实施中必须坚持化肥与有机肥料配合施用的原则。有机肥和化肥配合施用时，有机肥养分可以抵扣部分施肥量。对于新垦菜田，考虑到土壤需要快速培肥，一般不做抵扣；对于连续种植多年的菜田，一般每吨腐熟的有机肥可抵扣纯氮（N）1.0kg，五氧化二磷（P_2O_5）0.5kg，氧化钾（K_2O）1.0kg。相应地，可将以上抵扣代入③中的计算式中计算应施养分量，接下来按式④计算实际化肥用量。另外，按平衡（配方）施肥确定的施肥量是适合于正常栽培和正常气候下的合理施肥量，但是考虑到

花椰菜生长季节不同，土壤供肥强度有差异，在实施中可根据具体情况调整施肥量，一般增加或减少 10%~20% 的施肥量是允许的。

（三）有机花椰菜生长的施肥方法

根据花椰菜的栽培方式合理施肥。花椰菜栽培分春作和秋作两茬，多采用育苗移栽。为培育壮苗和利于缓苗，在分苗及定植均可随水追施低浓度的人粪尿。秧苗宜定植在有机质丰富、疏松肥沃的壤土或沙壤土上。早熟品种生长期短，对土壤营养的吸收量相对较低，但其生长迅速，对养分要求迫切。

所以早熟品种的基肥除施用有机肥外，每公顷还需加施人粪尿 22~30t。中、晚熟品种生育期长，基肥应以厩肥和磷、钾肥配合施用，一般每公顷施厩肥 40~75t。定植缓苗后，为促进营养生长，尽快建成强大的营养体，应追肥一次。

当花球直径长到 2~5cm 时，为保证花球发育所需的矿质营养，需及时施肥浇水。一般从定植到收获需追肥 2~3 次。早熟品种每次每公顷用人粪尿 22~30t，或氮素 20~30kg，中、晚熟品种每次每公顷施用人粪尿 30~40t 或氮素 45~75kg。

施肥方法上依照施肥的时间可分为基肥和追肥两种，根据肥料性质、肥效期，花椰菜吸肥特点和土壤气候条件，而决定施用基、追肥的肥料种类和用量。一般基肥以有机肥为主，配合施用化肥。每亩施优质有机肥（有机质含量 9% 以上）3 000~4 000kg，养分含量不足可用化肥补充。基肥中的磷肥为总施肥量的 80% 以上，氮肥和钾肥为总施肥量的 50%~60%，余下部分可作为追肥。

1. 施足基肥

为满足花椰菜前期早发快长和以后各生长期对肥水的需求，除了选择肥沃、疏松、保水保肥性强的壤土外，还要用充分腐熟的优质农家土杂肥和氮磷钾复合肥等作基肥，基肥在整地时翻入土壤中层，一般每亩施优质圈肥 2 500~3 000kg，氮磷钾复合肥 15~20kg（也可用尿素 6kg、过磷酸钙 20~25kg、硫酸钾 6~8kg），硼砂 0.5kg。

2. 合理追肥

花椰菜定植后到花球成熟，一般需追肥 3 次，第 1 次是莲座期，每亩施尿素 10~11kg、硫酸钾 5~6kg，以促进花芽、花蕾分化和花球形成。第 2 次是花球形成初期，每亩施尿素 13~15kg、硫酸钾 6~8kg，以促进花球的快速膨大，防止花茎空心。第 3 次是花球形成中期，每亩施尿素 8~10kg、硫酸钾 5~6kg。结合追肥，要注意保证水分供应，保持土壤一定的湿度，特别是结球期切勿干旱，否则，会抑制花球的形成，导致产量下降。

3. 根外追肥

根外追肥是花椰菜栽培中一项行之有效的辅助措施，重点是补充中后期相关养分或微量元素的不足。如土壤缺硼可在花球形成初期和中期叶面喷施浓度为 0.1%~0.2% 的硼砂溶液。土壤缺镁可叶面喷施浓度为 0.2%~0.4% 的硫酸镁溶液 1~2 次。花椰菜对钼的需要量很少，但十分敏感，花球形成期可叶面喷施浓度为 0.01% 的钼酸铵溶液。总之，根据花椰菜生长的需要，适时做好根外追肥可有效地防止早衰，提高花球产量，改善花球质量。

三、灾害性气候对花椰菜栽培的影响

当各种气候条件超出花椰菜生长发育适宜的范围，使花椰菜产量发生较严重的经济损失时，就形成了农业气象灾害。这种损失主要表现在对产量和品质的直接降低与破坏，或是影响了正常的农事操作而延误了生长发育。

（一）灾害性气候的影响

花椰菜栽培尤其是越冬花椰菜栽培和越夏花椰菜栽培，遭遇的灾害性气候主要有低温冷害、高温干旱、冰雹、暴雨、湿害和涝害等。

1. 低温冷害

在花椰菜生长发育的各个时期，因环境温度低于适宜生长发育下限而引起生长期延长或使营养器官的生理机制受到损害，而造成减产的一种气象灾害。不同花椰菜品种具有的不同特征，决定了外界环境条件的适应性，形成了不同的生态类型。花椰菜的低温冷害指标，各地没有统一的标准。极低气温会造成花椰菜营养组织被破坏，叶片发黄、枯萎甚至死亡，部分植株失去再生能力，形成的花球小且散花、毛花多，品质差，产量低。弱小植株受害，出现水渍状，甚至死亡；健壮植株未见明显受害症状。

2. 高温干旱

幼苗期最高温度30℃以上时，形成高温伤苗。花球发育期对温度要求比较严格，现球前后极端最高温度高于30℃不能形成花球，花球形成期日平均温度高于24℃时，大部分品种的花球易松散变黄。高温还容易诱发花椰菜病毒病，温度越高病害越严重。同时，在高温干旱条件下，有利于蚜虫的大量发生，蚜虫传播病毒使病毒病危害严重。高温危害是影响花椰菜产量和品质的主要气象灾害，主要在9月上旬以前危害花椰菜幼苗，花球生长期高温危害较少。

3. 冰雹

冰雹是一种直径大于5mm的固态降水，降雹时间几分钟到十几分钟，也有的长达1h以上。冰雹的危害程度取决于雹粒的大小、持续的时间长短和密度，以及发生的时期。一般在夏秋花椰菜播种后的苗期、莲座期发生最多，结球期发生的次数较少。

冰雹危害严重时，会将花椰菜外部的功能叶片基本打光，只剩下叶柄和内部的叶球，从而造成减产甚至绝收。

4.暴雨

夏秋花椰菜发芽期和苗期正处于炎热多雨季节，日降水量50mm以上的暴雨可将种子从土中冲出，严重时需要重播。暴雨还可将幼根冲出土外使幼根表皮受到严重损伤，造成严重的缺苗断垄和大小苗不齐的现象。此外，由于暴雨的袭击，常使地表板结，对土壤的通透性造成严重破坏，使根系不能正常发育。

5.湿害与涝害

由于水分过多而导致花椰菜造成减产。涝害常因大雨或暴雨时间过长，土壤积水而形成，涝害严重时可使花椰菜根系在较短的时间内因缺氧而窒息死亡，危害明显。湿害是由于水涝后土壤内长期排水不良，或阴雨而使土壤水分持续处于饱和状态而形成的，它主要是因长时间缺氧而损害根系，而且它的危害不易被人们所重视。湿害主要多发生在花椰菜苗期与莲座期，其表现是根瘦弱而浅，根毛尖端发褐，吸水肥能力逐渐减弱，进而造成地上部叶片生长速度减缓，颜色变黄，徒长，产量下降，结球不紧实。

（二）灾害性气候的防治措施

1.低温冷害与冻害防治措施

（1）培育壮苗，提高抗冻能力。越冬花椰菜育苗时，应注重培育壮苗，幼苗根系发达，成活率高，缓苗快，生长整齐健壮，抗冻能力增强。春季育苗栽培时在幼苗出齐以后，苗床要通风，并随天气转暖逐步加大通风量，对幼苗进行低温锻炼，以提高秧苗抗寒能力，适应室外低温环境。

（2）增加保护设施。可采取两种方式：一种是架设风障。风障对冷空气有阻挡作用，在风障群区可形成特有小气候阻止地表

进一步降温。风障间应保持较密的距离，一般以风障高度的2倍为宜；另一种是开沟栽植，覆盖地膜。早春定植时，可采用开沟栽植方式，沟深要求超过菜苗高度，再在沟上覆盖地膜即可。但应注意，覆膜不可压住菜苗，否则，菜苗顶端仍会受到冻害。

（3）临时加温。保护地生产在寒流来临时，可在育苗棚或生产棚借助于搭建简易煤炉进行临时加温，以提高棚内温度，防止冻害。但不能采用明火，以免引起火灾。

（4）灌水。当较强冷空气过后，天气晴朗，夜间无风或微风，而且气温迅速下降，特别是当地表温度降至0℃以下出现霜冻时，可在地面大量浇灌井水，以大幅度提高地温。此法可使地面温度由0℃上升到8℃左右，避免霜冻出现。

（5）熏烟。在霜冻之夜，在田间熏烟可有效地减轻或避免霜冻灾害。但要注意两点：一是烟火点应适当密些，使烟幕能基本覆盖全园；二是点燃时间要适当，应在上风方向，午夜至凌晨2~3时点燃，直至日出前仍有烟幕笼罩在地面，这样的效果最好。

（6）喷水。在霜冻发生前，用喷雾器对植株表面喷水，可使其体温下降缓慢，而且还可以增加大气中水蒸气含量，水蒸气凝结放热，以缓和霜害。

（7）中耕。在霜前进行中耕，可以减轻霜害的程度。由于春季气温逐渐升高，畦土锄松后，可以较好地吸收和贮存太阳热能，一旦霜害降临，土壤中已积存一部分热量，即可缓和霜冻。

2. 高温干旱的防治措施

夏秋季节遇上异常高温，植株正常的生长发育就会受到影响，引起高温热害。除选用耐热品种外，还可采取以下措施。

（1）抗旱锻炼。在花椰菜苗期适当控制水分，抑制生长，以锻炼其适应干旱的能力，这叫"蹲苗"。在栽植前拔起让其适当萎蔫一段时间后再栽，这叫"搁苗"。通过处理后，大白菜根系发达，保水能力强，叶绿素含量高，干物质积累多，抗逆能力强。

（2）化学诱导。用化学试剂处理种子或植株，可产生诱导作用，提高植物抗旱性。如用0.25%氯化钙溶液浸种或用0.05%硫酸锌喷洒叶面都有提高抗旱性的效果。

（3）生长延缓剂与抗蒸腾剂的使用。脱落酸可使气孔关闭，减少蒸腾失水，矮壮素、Bg等能增加细胞的保水能力，合理使用抗蒸腾剂也可降低蒸腾失水。

（4）根外追肥。在高温季节，用磷酸二氢钾溶液、过磷酸钙及草木灰浸出液连续多次喷施叶面，既有利于降温增湿，又能够补充蔬菜生长发育必需的水分及营养，但喷洒时必须适当增加用水量，降低喷洒浓度。

（5）人工遮阳。在菜地上方搭建简易遮阳棚，上面用树枝或作物秸秆覆盖，可使气温下降3~4℃。采用塑料大棚栽培的蔬菜，夏秋季节覆盖遮阳网，可降温4~6℃，并能防止暴雨、冰雹及蚜虫直接危害蔬菜。

3.暴雨与冰雹的防治措施

暴雨与冰雹的防控对于暴雨冲刷危害的防御，雨前抢盖网纱或薄膜；对于已遭遇暴雨冲刷的苗床，应及时用细土压根固苗，并注意遮阳防暴晒，雨后浇水降温，以防止花椰菜幼苗因蒸发量过大而萎蔫。冰雹也是易发的一种天气灾害，但其突发性强，难以预防。冰雹灾害出现后，对于心叶已遭受机械损伤的菜苗需剔除重播。另外，在有条件的地区，可以采用防虫网、遮阳网覆盖栽培可有效防止暴雨和冰雹的危害。

4.湿害与涝害的防治措施

湿害与涝害的防控实行高垄、高畦栽培，可迅速排除畦面积

水，降低地下水位，雨涝发生时，雨水可及时排出。灾害发生过程中，要利用退水清洗沉积在植株表面的泥沙，同时要扶正植株，让其尽快恢复生长；灾害过后，必须迅速疏通沟渠，尽快排涝去渍，还要及时中耕、松土、培土、施肥、喷药防虫治病，加强田间管理。如农田中大部分植株已死亡，则应根据当地农业气候条件，特别是生长季节的热量条件，及时改种其他适当的作物，以减少洪涝灾害。

有机花椰菜的良种选择

花椰菜为二年生草本植物，花球多呈白色，也有紫色、黄色等。花椰菜在我国的发展史是从无到有，逐渐发展到世界上种植面积最大、总产量最高、种植面积增长最快的国家。几十年来，经过对花椰菜种质资源的搜集、引进、人工定向选育，使花椰菜的品种和材料不断得以改进、积累、扩大并保存，逐渐形成了适合我国不同生态环境条件下种植的优良地方主栽品种，选育出了适合不同环境条件，不同生态型早、中、晚熟，具有耐热、抗寒、抗病、抗逆性较强，适应性较广的杂交优势品种和春秋两用型品种。

一、花椰菜的品种类型

（一）按花球颜色分为花椰菜（白菜花）、青花菜（绿菜花）、紫菜花、黄菜花（黄绿色、橘黄色）等四种

1. 花椰菜

花球由肥嫩的主轴和很多肉质花梗以及绒球状的花枝顶端组成，花球畸形发育而且组织细密。

2. 青花菜

花球不是由畸形花枝组成，而是由肉质花茎和小花梗以及绿色花蕾组成，花球结构比较疏松。

3. 紫菜花

大多数品种的花球色泽为洁白、乳白，也有紫色的品种。如，江西省农业科学院蔬菜研究所 1996 年引进日本紫色花椰菜品种（紫云）等。

4. 黄菜花

20 世纪 90 年代以来，随着我国经济建设和对外交流的发展，也有少数黄色花椰菜品种被引入，如华中农业大学园艺系 1991 年从英国引进黄色花椰菜（青宝塔—罗马花椰菜）。

（二）按花球紧实度分为紧实型、中间型、松花型

花椰菜的花球是由无数柔嫩的变态原始花蕾和 50~60 个肉质花梗及绒球状的花枝顶端所组成，每一个肉质花梗又含有许多 5 级花枝组成的小花球体。我国现有花椰菜品种的花球结构可分为紧实型、中间型、松花型。如，矮脚 50 天、田边 80 天、厦花 80 天等品种，其花球结构致密，肉质坚实，口感较差；而福州类型、台湾庆农系列花椰菜，花球结构松散，肉质柔软，口感好；介于两类型的中间型花椰菜，如米兰诺、耶尔福等品种花球结构适度，肉质脆嫩，口感较好。

（三）按生育期长短可分为早熟品种、中熟品种和晚熟品种

1. 早熟品种

苗期 28 天左右，从定植到采收 40~60 天。冬性弱，幼苗茎粗 8mm 左右即可接受低温影响，完成春化过程。主要品种有澄海早花，福州 60 日，同安早花菜，上海四季 60 天，耶尔福等。花球重 0.3~1kg。植株中等大小，外叶较多，约 25~30 片叶。

2. 中熟种

苗期 30 天左右，从定植到采收 80~90 天。冬性稍强，幼苗茎粗 10mm 可接受低温影响，完成春化过程。主要品种有福建 80 天、福农 10 号、同安短叶 90 天、洪都 15 号、荷兰雪球、瑞

士雪球等。花球重一般 1kg 以上，适应性强。

3. 晚熟品种

定植到采收需 100~120 天以上。植株较高大，生长势强，耐寒性和冬性较强，幼苗茎粗 15mm 以上才能接受低温影响，完成春化过程。单个花球重 1~2kg 以上。主要品种有福建 120 天，同安城阳晚花菜，广州竹子种、广州鹤洞迟花，台湾喜树晚生，江浙地区栽培的旺心种等。外叶多，30 片叶以上。

（四）按种植季节分为春季栽培品种、夏季花椰菜、秋季栽培品种和越冬栽培品种

1. 春季栽培品种

大多是从日本、荷兰引进，属中欧一年生早熟春花椰菜类型，如日本雪山 2 号、荷兰春早、耶尔福等，长江以北地区于 11 月上旬至 12 月下旬在阳畦播种育苗，翌年 1 月间苗，3 月下旬定植，5 月上旬至 6 月上旬收获。

2. 夏季花椰菜

适合夏栽的品种大多是耐热性和适应性强的极早熟和早熟类型品种，如福州 40 天、福州 50 天，厦花 40 天，台湾庆农 40 天、台湾庆农 50 天，同安矮脚 50 天，泉州粉叶 60 天，白峰，夏雪，香港雪美 45 天、香港喜美 60 天等。我国南北夏季均宜栽培，长江流域各省 6 月下旬至 7 月上旬播种，黄河流域及河北、辽宁、吉林等地可相应提早至 6 月中旬播，南方广东、广西可相应推迟至 7 月中下旬播，于国庆节前后上市，供应早秋市场，对缓和秋淡和调节市场花色品种起着重要的作用。

3. 秋季栽培品种

福州 80 天，福农 10 号，泉州粉叶 80 天，荷兰雪球，厦花 80 天，同安田边 80 天，温州 80 天，庆农 80 天、90 天，日本雪山，日本雪山 2 号等中熟品种。长江流域地区以 7 月中、下旬播

种为宜，长江以北地区应相应提早播期，可在6月中下旬播种，华南地区播种期可相对延后7~10天，于11月下旬至元旦前上市，是秋冬主要蔬菜之一。

4.越冬栽培品种

生育期在100天以上的晚熟品种，如：福州100天、120天，同安城场100天，同安乌叶100天，同安120天，上海杂交100天，石狮140天花菜，龙牌110天花菜等品种。属春季生态型即冬春花菜或春花菜，植株耐寒性强。播种期8—9月或10月上旬，在我国长江以南地区及南方各省均宜栽培。浙北、苏南、上海、皖南应提早至7月中下旬播种，广东、广西各省（区）应推迟至8月中下旬播种，或用保温设施育苗，翌年1—2月定植，于早春1—4月收获。这类品种是解决南方各地春节前后花椰菜供应的理想品种，也是各地"南菜北调"为北方城市冬春季提供商品花椰菜的好品种。

二、花椰菜品种选择的原则

选择适宜的花椰菜品种，是提高花椰菜种植效益的前提。生产中应根据栽培季节和市场需求，选择抗逆性强、适应性广、商品性好的优良品种。花椰菜选择品种应遵循以下原则。

1.市场需求原则

花椰菜生产的经济效益和市场需求密不可分，市场决定价格，直接影响经济效益。花椰菜选种时应根据市场需求，选择市场畅销的品种。市场对不同品种需求不尽相同，如北方市场需求花球色泽洁白、紧实，花形周正，花蕾细密洁白，蕾枝白色粗短、无茸毛，商品性好的品种。南方市场需求花球松散型、半松散型，口味好的品种。

2. 因品种特征、特性而异原则

（1）区别生态型，选择适合栽培季节的品种。花椰菜属幼苗春化型作物，要求的低温范围相当宽广，不同的品种通过春化阶段对低温的要求也不一样，形成了春季生态型、秋季生态型和春、秋兼用型及越冬型4个气候类型。春季栽培一定要选用春季生态型品种或春性较强的春、秋兼用生态型品种。春花椰菜栽培选择生长期短、耐寒、商品性好、适销对路的品种；秋冬花椰菜栽培选择抗病、优质、商品性好、适销对路的品种。用于贮藏的花椰菜宜选择花球紧实、品质好、耐热或抗寒、适应性强的中、晚熟品种。目前，甘肃省天水地区春花椰菜适宜种植荷兰48、日本雪山等春季生态型品种。华北地区春季一般选用日本雪山、天津云山品种。

（2）选择适合当地气候条件的品种。因花椰菜对温度、光照和肥水条件要求较高，选种一定要充分考虑当地的物候条件，选择经过试种能适应本地气候条件的品种。如华南夏热冬暖地区，通常在秋、冬两季栽培花椰菜，宜选用冬性强、耐寒的大花球晚熟品种。长江流域到黄河流域的春花椰菜应选用冬性强的晚熟品种，而秋花椰菜宜选用耐热、冬性弱的早熟品种，也可选用中熟品种。北方春、夏花椰菜应选用冬性强的大花球晚熟品种，而秋花椰菜应选用早熟品种或中熟品种。

（3）选择抗逆性强、适应性广的品种。花椰菜春季栽培温度低，应着重选择耐寒性强的品种。夏花椰菜的生长季节都处于高温、多暴雨的天气，要求选择耐热、耐湿优良品种。秋季栽培前期高温多雨，病虫害严重，后期降温迅速，适于花椰菜生长的天数少，所以对秋花椰菜品种的要求也特别严格。前期因地制宜选用抗病品种，是防治秋花椰菜病虫害最根本的既经济又有效的措施。秋花椰菜一般以生育期短、耐热性、抗病性、适应性强的品

种为宜。冬季栽培花椰菜，应选择冬性强、耐低温甚至零下低温的品种。

3. 因人而异原则

一般情况下某一区域的施肥水平、栽培技术、管理水平大体相似，但不同生态区域其栽培技术管理水平不尽相同，同一区域具体各家各户也存在差异。如有的菜农有保护设施、地膜覆盖、田间灌水等能力，有的则没有。因此，在品种选择上要与具体菜农栽培管理水平相适应。

4. 新品种种植上要坚持试验、示范、推广原则

新品种主要指国家或省、自治区、直辖市新近审定的品种。《中华人民共和国种子法》规定，主要蔬菜品种未经审定不得发布广告，不得经营推广。相邻省份审定的品种属于同一适宜生态区的区域，经省人民政府农业主管部门同意后方可引种。因此在选择新品种时应了解品种是否经过审定，同时还应了解该品种在本乡、村的试验、示范、试种情况，表现优良的才可种植。同时要注意多品种搭配，合理布局，以防止因某一品种对特殊气候、条件不适而带来毁灭性损失。

5. 良种良法相结合的原则

选择品种的同时要充分了解该品种的特征、特性、栽培要点、适应区域等，尤其要注意该品种的特殊栽培要求。良种结合良法，才能充分发挥该品种的增产潜力，达到增产增收的目的。

6. 种子优良原则

优良品种的增产潜力只有通过优良种子的遗传信息才能在生产上表现出来。因此，选择品种的同时要选择优良的种子。根据中华人民共和国国家标准局实施的国家标准 2 级花椰菜种子的标准为：纯度 93%、净度 98%、发芽率 90%、水分 8%。这些指标很难用眼睛看出来，只有检验单位借助仪器以及种植检验才能

检验鉴定出来。因此，购种应选择生产经营正规的、信誉度比较好的单位以保证种子的质量。即使质量出了问题也能寻求经济赔偿。

三、花椰菜品种选择的方法

花椰菜种子质量的优劣直接关系到花椰菜的产量和质量。在我国北方地区，花椰菜留种均需保护设施，成本较高，加上多数农民不易掌握留种技术，所以一般不自己留种。过去多依靠南方制种引入北方，故种子质量很难得以保证。近年来，北方地区也进行制种，但花椰菜种子质量问题仍是生产上不容忽视的问题。在购种时，一定要选购质量有保证的种子，要选择真实性、纯度、净度、发芽率高的新鲜种子。

1. 种子真实性

种子真实性是指供检品种与文件记录（如标签等）是否相符。例如，用甘蓝种子冒充花椰菜种子冒充花椰菜种子，或用晚熟露地栽培用的花椰菜品种种子代替保护地栽培用的早熟品种种子。前者对生产造成的损失很大，往往不能获得所需要的花椰菜花球。后者虽然能够获得花椰菜产品，但因成熟期不同，影响花椰菜上市期，使生产者蒙受较大的经济损失。

2. 种子纯度

品种纯度是指品种在特征特性方面典型一致的程度，用本品种的种子数占供检本作物样品种子数的百分率表示。种子纯度低，易形成小花球或花球表面长毛刺的现象。例如，春型花椰菜品种中混有秋型品种的种子，进行春季栽培时，由于这些秋型品种通过春化阶段较快，营养生长不足，叶面积较小，因而产生小花球；秋花椰菜晚熟品种种子中混有极早熟品种种子，进行秋季栽培时，由于极早熟品种比中晚熟品种容易通过春化阶段，株型

较小，在大植株的遮掩下，因而形成小花球；新种子中混有陈种子，陈种子生活力弱，在同样栽培条件下生长处于劣势，植株生长慢，叶面积小，因而形成小花球。花球长毛华现象普遍发生在秋季菜田中，如果长毛花球数量在 10% 以下，则是因种子纯度不高所致。

3. 种子净度

种子净度是指样品中去掉杂质和其他植物种子后，留下的本作物净种子的重量占样品总重量的百分率。

净度分析的目的是测定供检样品不同成分的重量百分率和样品混合物特性，并据此推测种子批的组成，从净种子的百分率了解种子批的利用价值。

净度低、杂质多的种子对生产有很大影响，一是由于杂草和病虫害多，影响作物的生长发育和产量；二是由于杂质多，降低种子利用率；三是泥沙、含水分较高的杂质影响透气、易引起种子发热霉变，从而影响种子贮藏与运输的安全。

4. 种子发芽率

发芽试验的目的是测定种子的发芽率，发芽率是判断种子质量的重要指标之一，据此可比较不同种子批的质量，也可估测田间播种价值。

发芽率是指在规定的条件和时间内长成的正常幼苗数占供检种子数的百分率。每株幼苗都必须按规定的标准进行鉴定。鉴定要在主要构造已发育到一定时期进行。种子发芽率低，播种后直接导致出苗不整齐、出苗率低、幼苗生长弱或不出苗，直接影响花椰菜生产。

5. 种子含水量

种子水分是种子质量标准中的四大指标之中。种子水分的高低直接关系到种子安全的包装、贮藏、运输，并且对保持种子生活力和活力是十分重要的。

水分即种子含水量，是指按规定种子样品烘干后，失去的重量占供检样品原始重量的百分率表示。

6.新鲜种子

陈旧种子其发芽能力及寿命会有不同程度的降低，使用发芽率低、生活力丧失的种子会导致播种不出苗、出苗差等问题。

生产中花椰菜种子应选籽粒圆整、饱满、大小一致、具有光泽、无杂质的当年种子，去除微小的菌核、秕子和弱小的种子。要求品种纯度≥96%、种子净度≥99%、种子发芽率≥95%、种子含水量≤8%（如表3-1）。

表3-1　花椰菜种子分级标准

名称	级别	种子纯度（%）不低于	种子净度（%）不低于	种子发芽率（%）不低于	种子含水量（%）不高于
花椰菜	原种	99	99	95	8
	一级良种	96	99	95	8
	二级良种	93	98	90	8
	三级良种	87	97	85	8

四、花椰菜的主要栽培品种

（一）春季栽培的主要品种

春季栽培品种一般多为中晚熟品种，冬性较强，通过春化阶段要求的温度较低、时间较长，从定植到采收需60天。长江流域地区11月下旬至12月上旬播种，温棚育苗越冬，翌年2月下旬定植，4月下旬至5月上旬采收。黄河流域地区12月上中旬播种，温棚育苗越冬，翌年3月上旬定植，5月采收。目前生产

中常用的栽培品种有以下几种。

1. 春雪 3 号

春雪 3 号是天津科润蔬菜研究所育成的春大棚专用品种，早熟，定植后 45 天左右成熟。长势旺盛，植株直立，花球致密、雪白，平均单球重 1~1.5kg。

2. 春雪 9 号

春雪 9 号是天津科润蔬菜研究所育成的春季栽培专用品种，为春季栽培中晚熟专用品种，定植后 60 天成熟。长势旺盛，植株直立，内叶合抱护球，抗病性强。花球紧实、洁白，平均单球重 1.5kg，亩产量 3 500kg。

3. 富士白 4 号春大将

富士白 4 号春大将是温州市神龙种苗有限公司育成的杂交一代新品种，该品种母本引自日本，春种成熟期 80 天左右。株型大，生长快，株高 60cm 左右，开展度 60~65cm，叶色深绿，叶片厚，蜡质较重，叶长椭圆形，叶面不皱，外叶较少。花球外有苞叶，花球重叠，球形好且松紧度中等，洁白。春季反映安定，出异常花少，花球更大、更重，单球重 1.5~2kg。抗病性强、育苗栽培容易、低温感应稳定。目前在长江流域是春秋兼用品种，北方只能春种及高海拔地区夏种。

4. 春将 F1

春将 F1 是台湾长胜种苗股份有限公司育成的杂交一代，春播定植后 75~80 天采收。植株生长强健，心叶合抱，花球紧密厚重，洁白美观，呈高圆形，单球重 1.2~2kg。容易栽培管理，苗期适温 15~30℃，生长适温 8~26℃，花球形成最佳适温 8~16℃，高抗病，耐寒耐湿，产量丰高，商品性高。

5. 瑞士雪球

从尼泊尔引进的常规品种。株高 53cm，开展度 58cm，长势强，叶簇较直立。叶片大而厚，深绿色，长椭圆形，先端稍尖，叶缘浅波浪状，叶柄短，浅绿色，叶柄及叶片表面均有一层蜡粉。20片左右出现花球，花球白色，圆球形，单球重0.5kg。早熟，亩产1 500kg。花球紧凑而厚，质地柔嫩，品质好。耐寒性强，不耐热，在高温情况下结花球小而品质差，且易遭虫害。京津地区于12月中旬在阳畦内播种育苗，2月上旬分苗，3月底4月初定植于露地风障前，行株距54cm×35cm，5月中旬开始收获。

6. 法国菜花

从法国引入的常规品种。株高40cm，开展度60cm。叶片灰绿色，上有蜡质。20片叶左右开始结花球，花球白色，半圆形，球面有少量淡黄白色茸毛，单花球重1kg。在天津市中晚熟，从定植到收获70天，亩产1 500kg。品质中等，花球紧实。耐寒性强，耐热性弱，易受菜青虫为害。宜春季栽培。华北地区10月中下旬至12月下旬冷床育苗，翌年3月下旬定植露地，行距50cm，株距40cm，亩栽3 000株，5月下旬至6月上旬始收，东北地区春节后育苗，5月上旬定植，6月下旬始收。栽培适宜范围：适于北京、天津、河北省（市）种植。

7. 雪峰

株型紧凑，叶色灰绿，花球高圆平，紧实，洁白，内叶自抱性好，单球重约1.2~1.5kg，抗霜霉病、黑腐病。3月中下旬至6月上旬均可直播或育苗移栽。直播，出苗后幼苗顶膜时及时放苗，3~4片真叶间苗，定苗，每穴留一株壮苗。育苗移栽的，当苗有4~5片叶时定植，亩保苗3 200株。

8. 春玉60

春早熟花椰菜，生长势强，定植后60天收获，单球重1.2kg，花球扁圆球形。花球洁白鲜嫩，梗青松软，品质极佳。

9. 雪旺 1 号

北京聚宏种苗技术有限公司引进。株形紧凑，株高 70~75cm，株幅 60cm，叶片深绿灰色，蜡质较多，叶片呈阔披针形，外缘向下翻，内叶螺旋合抱护球；花球为高半圆形，雪白，紧实。单球重 1.47kg。3 月下旬至 6 月上旬均可直播或育苗。播种或定植前每亩施优质农家肥 5 000kg，磷酸二铵和尿素各 25kg。春播幼苗五叶一心定植或定苗，秋栽四叶一心定植或定苗，苗龄不超过 25 天。

10. 福门

2005 年从圣尼斯种子（北京）有限公司引进。属中熟杂交种，定植后 70 天左右可采收，植株生长势强，株型紧凑，开展度小，外叶长圆形，蜡粉中等。内层叶片扣抱，中层上冲，自行覆盖花球。花球紧实、洁白，球形高圆，单球重 1.1~1.4kg。抗黑腐病性强于祁连白雪。4 月下旬至 6 月上旬均可直播或育苗移栽。直播注意及时放苗，3~4 片叶时间苗、定苗，每穴留 1 株健苗。移栽，育苗 6~7 片叶时及时定植，亩保苗 2 500 株左右。

11. 春元宝

株高 61cm，株幅 52cm，叶色深绿中皱，椭圆型，蜡粉中，内叶扣抱，花球洁白、紧凑、高圆形，单球重 1~2kg。抗花椰菜黑腐病。在 3 月下旬至 6 月上旬均可直播或育苗移栽，直播：应及时放苗，3~4 片叶及时间苗、定苗，每穴留一株壮苗，移栽：苗龄 25~30 天及时定植，亩保苗 3 000 株。

12. 天诺 303

从北京天诺泰隆科技发展有限公司引进。中早熟，春播定植后 65 天左右成熟。植株直立，半开张，心叶合抱，叶宽，叶色灰绿，有蜡粉；花球高圆形，洁白紧实，单球重 0.9~1.5kg。对黑腐病有一定的抗性。3 月中下旬至 6 月下旬均可直播或育苗移栽。直播，出苗后幼苗顶膜时及时放苗，3~4 片叶时间苗、定苗，每穴留一株健苗。育苗移栽的，当苗有 6~7 片叶时及时定植。亩保苗 3 500~4 000 株。定苗后 10~15 天，结合灌水追第一次肥，每亩追施尿素 10~15kg。

13. 惠福

从北京华耐农业发展有限公司引进。株型紧凑，开展度小，外叶长圆形，蜡粉中等。内层叶片扣抱，中层上冲，自行覆盖花球，花球紧实、洁白，球形高圆、整齐，单球重 1.4kg。抗花椰菜黑腐病。3 月下旬至 6 月上旬均可直播或育苗移栽。直播，出苗后幼苗顶膜时及时放苗，3~4 片叶时间苗、定苗，每穴留一株健苗。育苗移栽的，当苗有 6~7 片叶时及时定植，亩保苗 2 800 株左右。定苗后 10~15 天，结合灌水追第一次肥，每亩追施尿素 10~15kg。

14. 金雪 1 号

从内蒙古巴彦淖尔市绿丰种业有限责任公司引进。株型紧凑，开展度小。花球紧实，洁白，球形高圆，整齐，单球重 1.3kg 左右，自覆性好，抗黑腐病强。3 月下旬至 6 月上旬均可直播或育苗移栽。直播，出苗后幼苗顶膜时及时放苗，3~4 片叶时间苗、定苗，每穴留一株健苗。育苗移栽的，当苗有 6~7 片叶时及时定植，亩保苗 3 000 株左右。

15. 雪雅

从山东省寿光市种植种业有限公司引进。株型紧凑，开展度小，外叶长圆形，蜡粉中等。内层叶片扣抱，中层上冲，自行覆盖花球，花球紧实、洁白，球形高圆、整齐，单球重 1.2~1.5kg，抗花椰菜黑腐病。3 月下旬至 6 月上旬均可直播或育苗移栽。亩保苗 3 000 株。亩施基肥优质农家肥 5 000kg、磷二铵 10~15kg、尿素 20kg、硫酸钾 15~20kg。育苗移栽，当苗

有 6~7 片叶时及时定植，定苗后 10~15 天，结合灌水，每亩追施尿素 10~15kg。

16. 天骄

从厦门市文兴蔬菜种苗有限公司引进。株型紧凑，开展度小。花球高圆形、紧实、洁白。自覆性好，单球重 1.3kg 左右。抗黑腐病。3 月下旬至 6 月上旬均可直播或育苗移栽。每亩基肥施优质腐熟农家肥 5 000kg、磷二铵 10~15kg、尿素 20kg、硫酸钾 15~20kg。当花球直径达 3~5cm 时，及时束叶和防治病虫害。

17. 威斯乐

由香港泽盈农业有限公司从智利引进。植株长势旺盛。花球高圆形，花粒细密嫩白，单球重 1.5~2.0kg，抗病性较强。种植密度每亩 2 500 株左右。基肥，一般亩施优质腐熟农家肥 5 000~6 000kg、磷二铵 10~15kg，尿素 20kg、硫酸钾 15~20kg。结球后，结合浇水亩追施尿素 10~15kg，硝酸钾 10kg、磷二铵 10kg，并叶面喷施 0.2% 硼砂溶液 1~2 次。

18. 雪莉

从法国 Tezier 公司引进。株形直立，叶片遮覆性好，花球高圆形，花粒细密嫩白，单球重 1.0~1.5kg。种植密度每亩 3 800 株左右。基肥，一般亩施优质腐熟农家肥 5 000~6 000kg、磷二铵 10~15kg，尿素 20kg、硫酸钾 15~20kg。结球后，结合浇水亩追施尿素 10~15kg，硝酸钾 10kg、磷二铵 10kg，并叶面喷施 0.2% 硼砂溶液 1~2 次。

（二）夏季栽培的主要品种

夏季栽培的花椰菜品种主要生长期在 4—9 月，整个生育期均处在高温高湿多雨环境中，病虫害较为严重。蚜虫频发容易传播病毒病，小菜蛾、菜青虫等将心叶吃掉影响花椰菜的结球。积水较多时，如不及时排出，还容易引发软腐病。因此，夏播花椰菜所选用的品种要求耐热耐湿、抗病抗虫、生育期短、不散球品质好、产量高的早熟品种，同时还应考虑市场的喜好。

1. 夏雪 50

由天津市蔬菜研究所育成，属秋早熟耐热的杂种一代，株高60~65cm，株幅 58~60cm，叶片绿色，蜡质中等。叶呈披针形，20~25 片叶现花球。叶内层扣抱，中、外层上冲，自行护球，花球柔嫩洁白，平均单球重 0.75~0.80kg，定植后 50 天左右收获，品质优良，亩产 1 800kg 以上，全国各地均可栽培。津京地区以6 月底 7 月上旬播种为宜。苗龄 25~30 天。用营养钵点播为好，播种后注意防雨，出苗及时浇水，不能控水，培育壮苗。4~6 片叶时应及时定植。栽植密度以每亩 3 300~3 500 株为宜。定植前要施足基肥，定植后应及时追肥浇水，一促到底，以获高产。

2. 白峰

天津市蔬菜研究所育成的一代杂交种。株型紧凑，叶片蜡质较少，外叶直立，内叶自覆性强，展开度小，20 片叶开始出现花球。花球洁白，组织柔嫩，耐热，抗病，定植后 50~60 天可采收，成熟集中，平均单球重 750~1 000g。

3. 雪剑一号

极早熟、耐热秋菜花新品种，秋季从定植到采收在 55~60 天左右。花球洁白细嫩、完全自覆，单球重 1kg，品质松脆，商品性极佳，叶色深绿色，蜡质厚，抗病，耐热，抗湿，9 月上旬收获，抢早补淡上市，经济效益高。

4. 夏花 6 号

从定植到采收 50~55 天，较耐热。株高 35~45cm，开展度50~60cm，株型紧凑，叶色暗绿色，叶披针形。花球半圆形，半松花，花球洁白，花梗淡绿，单球重 0.5~1.0kg。经福建省亚热带植物研究所品质测定，每 100g 鲜重含维生素 C 130.6mg、总

糖 2.59g，蛋白质 2.18g，粗纤维 0.888g。经福建农林大学植物保护学院苗期室内接种鉴定抗黑腐病、软腐病。适当水旱轮作，忌与十字花科作物连作。平原地区适宜播种期为 7 月，山区可适当提早播种，每亩种植 2 500~3 000 株。注意钼肥的施用，及时防治病虫害。

5. 粒粒真 2 号

该品种脚矮叶圆，卷芯护球，耐热、结球整齐、花球洁白美观、花质柔嫩、鲜美可口。单花球重 1kg 左右，结球期适应温度 20~30℃，收获后可套种 140 天。播种期，浙江省 6 月 20—30 日；黄河流域 6 月 10—25 日；长江流域 6 月 15—25 日；珠江流域 6 月 25 日至 7 月 5 日。苗龄 25 天左右，株距 45~50cm，每亩栽 2 450 株左右。国庆节前上市。

6. 悦阳 45 天

早熟花椰菜常规品种。耐热，从定植到采收 45~50 天，产量较高，松花，花球黄白色，花梗淡绿色，品质优。株型紧凑，株高 45~50cm，株幅 50~60cm；叶形长椭圆，叶面披蜡粉；花球黄白色、花梗淡绿色，花球横径 18~20cm，纵径 11~13cm，单球重 0.4~0.6kg。经福建省农产品质量安全检测中心漳州分中心品质检测，可溶性固形物 4.5%，每 100g 鲜重含蛋白质 1.68g，维生素 C 100mg，磷 0.14mg，铁 0.57mg，钙 9.58mg，钾 276.6mg。栽培上应适当密植，注意防治黑腐病和软腐病。在龙岩平原地区一般 5 月下旬至 7 下旬播种，苗龄 25 天，亩定植 3 000 株左右，栽培上应施足基肥，施好团棵、莲座、现蕾肥；病虫害上应注意黑腐病、软腐病和小菜蛾的防治。在花球表面平滑，边缘未散开及时采收。

（三）秋季栽培的主要品种

秋播品种多为中早熟品种，它们的冬性较弱，不耐寒，通过春化条件要求的温度较高，时间较短。秋播品种春播时，由于温度较低，迅速通过春化阶段，而叶片、植株尚未长大，营养不足，故而形成的花球较小。预防措施：选用纯正的种子，品种与播期相适宜。

1. 早熟品种

（1）丰花60。丰花60由天津科润蔬菜研究所选育的秋季早熟花椰菜杂种一代品种，定植后60天成熟。植株高65cm，株幅58cm，生长势强，叶片阔披针形，深绿色，蜡质较厚，外叶上冲，中内叶合抱护球，株型紧凑，适合密植。中高圆形花球，花球洁白、致密细嫩、紧实、无毛，单球重1kg，每亩产量2 400kg以上。

（2）包玉60。包玉60是天津科润蔬菜研究所选育的秋季早熟花椰菜杂种一代品种，属中早熟花椰菜品种，成熟期60~65天。植株外叶拧抱，内叶叠抱，叶片灰绿色，阔披针形，叶缘锯齿明显，株高70~80cm，株幅85cm，生长势强，株型紧凑，适合密植。花球紧实、洁白、细嫩，半圆形，平均单球重0.57kg，每亩产量2 000kg。

（3）宝雪。宝雪是日本武藏野种苗公司选育的F1代杂交早熟品种，成熟期55天左右。生长势极强，株型半展开，长势中等，直立，叶长，花球肥厚、洁白、品质极好。单球重1kg，抗热、耐湿、耐储运。主要在我国北方，尤其是西北地区种植。

（4）白马王子60天。白马王子60天是温州市神鹿种业有限公司育成的F_1代杂交品种，该品种属秋早熟品种，从定植到采收60~70天。植株中小，叶深绿色，阔卵形，蜡粉较多，脚矮，节间特别紧密，心叶扭卷护球。花球洁白，坚实紧密，高圆形，质地脆嫩，单球重1~1.2kg，中秋后上市，结球适温每亩产量约2 500kg。

（5）津品 65。津品 65 是天津科润蔬菜研究所用雄性不育技术育成的秋中早熟花椰菜杂种一代，定植后约 65 天成熟。植株生长势强，株高 70cm 左右，株幅 75cm，外叶半开张，内叶内扣护球，自覆性强。叶片灰绿，阔披针形。花球高圆形，外表美观，花球雪白、细嫩，平均单球重 108kg 以上，每亩产量约3 200kg。

（6）泰国耐热 60 天。泰国耐热 60 天是由浙江神良种业有限公司育成的中早熟品种，该品种的成熟期为 60~70 天。植株生长快，叶大株高，椭圆形叶，结球期适温 18~28℃。花球无毛，无紫霜，单球重 1kg。每亩产量约 3 000kg。

（7）津品 66。津品 66 是天津科润蔬菜研究所用雄性不育技术育成的秋早熟花椰菜杂种一代，该品种定植后 60~65 天成熟。适应性强，抗病性好，内叶抒抱护球。花球耐光性佳，呈半球形，洁白紧实、细嫩光滑，平均单球重 15kg。每亩产量3 300kg。

（8）天玉 60。早熟秋花椰菜，定植后 58 天成熟，长势强，内叶覆盖花球，花球洁白、细嫩，品质佳，抗病、抗逆性强，单球重 1.0kg，抢早上市，经济效益高。

（9）天玉 55。杂交一代秋季耐热极早熟菜花，定植后 55 天左右成熟，花球洁白、细嫩，商品性状极佳，补淡上市，经济效益高。

（10）台湾丰农 65 天。早中生，耐热耐湿，抗旱，抗风雨，发育快，根部旺，吸肥力强，易于栽培，在不良环境下基本上能正常生长，花球松大，雪白，蕾枝青绿色，肉质甜脆好吃，单球重约 1.5~2.5kg，秋植定植后约 65 天采收。

2. 中熟品种

（1）津雪 88。津雪 88 是天津科润蔬菜研究所育成的秋中熟花椰菜新品种，成熟期 75 天左右。植株生长势较强，株型直立紧凑，叶片灰绿色，蜡质多，内叶向内抱合护球。花球雪白肥嫩，质地致密、极紧实，口感、风味及品质均优良，单球重 1.06~1.85kg。该品种具有较强的适应性，部分地区亦可春露地栽培或春保护地栽培；抗逆性较强，抗芜青花叶病毒和黑腐病。每亩产量 2 700~4 300kg。

（2）云山。云山是天津科润蔬菜研究所育成的春秋兼用型品种，春季栽培成熟期 59 天左右，秋季栽培成熟期 90 天左右。株高 85~90cm，株展 75~85cm，叶片灰绿色，蜡质中等，株型紧凑，内叶护球，花球为半球形，花球洁白、紧实春季保护地栽培平均单球重 1kg，亩产 2 500kg；秋季栽培平均单球重 1.21~2.1kg，亩产量 3 025~5 200kg。维生素 C 含量 75.56mg/100g 鲜样，抗病毒病、耐黑腐病。

（3）津品 70。津品 70 是天津科润蔬菜研究所育成的叠抱类型秋中熟花椰菜杂种一代，亦可春季保护地栽培。秋季定植后 75~78 天收获，单球重 1.5kg 以上。春季栽培成熟期 45~50 天，单球重 0.75~0.8kg。抗热耐湿，适应地区广。长势强壮，中外叶拧抱，内叶叠抱护球好，株型紧凑，适合密植。花球洁白极细嫩，高圆形且紧实。抗逆性强，抗霜霉病、病毒病能力强。

（4）津品 80。津品 80 是天津科润蔬菜研究所育成的秋中晚熟品种，秋季定植后 80 天左右成熟。植株生长强壮，植株较紧凑，中叶直立，内叶合抱，护球较好，叶色深绿，蜡粉较厚。花球雪白、细嫩、紧实，平均单球重 1.3kg，抗黑腐病、霜霉病、病毒病能力强。

（5）先花 80。先花 80 是先正达寿光种了有限公司引进的杂交一代花椰菜，秋季定植后 88 天左右收获。株型直立，生长旺叶片深绿色，自覆性好。花球白，对低温和高温不很敏感，可栽

培的季节广泛。既可加工出口，也可供应鲜菜市场。

（6）荷兰雪球。从荷兰引进，植株较高大，生长势强，耐热性较强，适合于秋季栽培，开展度 60cm×60cm，有叶 30 片，叶片长椭圆形，深绿色，大而厚，叶缘浅波状，叶柄绿色。叶片及叶柄表面均有一层蜡粉。花球圆球形，紧实，肥厚，洁白，质地柔嫩，品质好，单球重 0.75~2kg。定植后 65 天开始收获，亩产量 1 500~2 000kg。

（7）天雪 88。杂交一代秋菜花品种，秋种定植后 78 天开始收获，花球洁白，极紧实，单球重 1.5kg。部分地区春种表现也极佳（春种定植后 55 天成熟）。

（8）雪剑三号。雪剑三号，通俗明花菜，属于花椰菜类。花球洁白极紧实，叶直如剑内叶合抱自护球，单球重 1.5kg，采收集中，抗病抗虫，适合全国各地秋季种植。利用雄性不育系最新育成拥有自主知识产权的中熟耐热秋菜花新品种，秋季从定植到采收 75 天左右。该品种是利用雄性不育系育成纯度高达 99%以上。

（9）雪剑四号。中熟、喜凉秋菜花，秋季从定植到采收 75天。花球雪白、高圆、商品性好，外叶直立，内叶合抱自护球，单球重 1.5kg，抗病性极强，适宜全国各地种植。

3. 晚熟品种

（1）雪妃。雪妃是先正达荷兰种子有限公司引进的杂交一代花椰菜，春秋兼用型品种，秋播定植后 90 天左右收获，春播定植后 65 天左右收获。生长势中等，叶色浓绿，内叶内抱，自覆性很好。花球洁白、紧凑，高球形，花球表面平整光滑，花柄无杂色，单球重 1~1.5kg。既可加工出口，也可供应鲜菜市场。

（2）富士白 2 号。富士白 2 号是浙江神良种业有限公司选育的杂交新花椰菜品种。该品种的母本引自日本，生长旺盛，直立，心叶合抱花球，花球生长快速，体能美观，花球特白、紧实，单球重 2kg 左右，后期低温采收不毛花，熟期一致，品味品质优越。育苗栽培容易，结球期气温在 18~21℃最佳，抗病性强，抗湿性好。

（3）雪宝。雪宝是日本横滨阪田种子公司选育的品种，可用于春秋两季种植，秋播成熟期 85 天左右，春播成熟期 65 天左右。植株生长旺盛，株型紧凑，整齐一致，叶色深绿，内叶自覆性强，花球特别雪白美观、紧实，高圆形，品质好，花球细腻，单球重 1.5kg 左右。极抗病，耐寒、耐涝。

（4）雪岭 1 号。雪岭 1 号是高华种子有限公司引进的春秋兼用型品种，秋种成熟期为 85~125 天，春播成熟期为 70~75 天。植株生长势强，株型紧凑，展开度小，外叶长圆形，蜡粉中等。内层叶片扣抱，中层上冲，自行笼盖花球。花球紧实、雪白，球形高圆、洁白，单球重 1.4~1.7kg。抗花椰菜黑腐病。

（5）玛瑞亚。玛瑞亚是瑞士先正达种子有限公司引进的杂交种，春秋兼用型品种，秋播定植后 85 天，春播定植后 70 天左右采收。植株生长势旺盛，株高 70cm，株幅 65cm，外叶长圆形，叶面微皱，灰绿色，蜡粉中等。在 24 片叶左右现花球，内叶拧抱，中叶上冲，外叶覆盖花球好。花球圆球形，花球高 20cm，洁白、紧实，秋季单球重 1.5kg，花柄无杂色；春季花球重 1~1.5kg。抗黑腐病，商品性极好，适用于鲜食加工。

（6）珍宝。引种单位兰州中科西高种业有限公司，生长势强，株高 64cm，株幅 62cm。外叶长圆形，叶面微皱，深绿色，蜡粉中等。在 22 片叶左右显花球，内叶片扣抱，中层上冲，自行覆盖花球。花球高 19cm，圆球形，洁白，紧实，单球重 1~1.5kg。春播定植后 60 天、秋播定植后 75 天采收。抗黑腐病性强于祁连白雪。3 月下旬至 6 月上旬均可直播或育苗移栽。直

播，应及时放苗，3~4 片叶时间苗，定苗，每穴留 1 株健苗。移栽，育苗 6~7 片叶时及时定植，每亩保苗 3 000 株左右。

（7）日本雪山。从日本引进，1990 年由河北省农作物品种审定委员会认定。植株生长势强。株高 70cm 左右，开展度 88~90cm。叶长披针形，长 63cm，宽 25cm；叶肥厚、深灰绿色，蜡粉中等，叶脉白绿，叶面微皱，平均叶数 23~25 片，花球高圆形，雪白，紧密，品质好。花球肉质含水分较多，中心柱较粗，平均单球重 1~1.5kg。中晚熟，定植至收获 70~85 天。耐热性及抗病性均强，对温度反应不敏感，每亩产量 2 000~2 500kg。四川、广东、福建等地于 7 月上中旬播种育苗，8 月中旬定植，10 月下旬至 11 月上旬收获，亩栽 2 200 株，行距 70cm，株距 45cm。北方地区春、秋均可栽培，因生育期相对较长，所以往往作为晚熟品种搭配栽培，一般 6 月中下旬播种，7 月 10 日左右分苗，7 月底至 8 月初定植露地，10 月中下旬开始收获，因后期植株生长高大，定植距离应大些，行距 66cm，株距 45cm，亩栽 2 200~2 500 株为宜。

（四）越冬栽培的主要品种

1. 越冬雪山

该品种抗寒性特强，丰产抗病，不易散花和先期抽薹，能在 -8~10℃低温安全越冬，叶面起皱，长椭圆形，叶直立生长，蜡粉较多，心叶合包花球。越冬栽培，冬前 16~18 片叶，越冬后下部老叶发黄，2 月下旬长出新叶并开始现球，花球鼓圆形，洁白，紧实，单球重 1.5~2kg，是高效理想栽培品种。7 月中下旬至 8 月上旬均可播种，8 月底至 9 月初开沟定植，行株距 60cm×50cm，每亩定植 2 200 株，由于越冬花菜生长时间长，定要施足基肥，定制缓苗后加强水肥管理，11 月上旬开始控制水肥，使植株生长粗壮，增强抗寒能力，封冻前应浇越冬水，并培土越冬。待次年三月中旬起稳回升时，及时浇返青水和追肥，4月可分批上市，如提前上市，2月上旬必须拱棚保温，促苗早发。

2. 巨丰 130 天

浙江温州市南方花椰菜研究所选育的晚熟品种。植株生长势强，株高 70~75cm，开展度 75~90cm。心叶浅黄色，外叶灰绿色有光泽，最大叶长 60~65cm，叶度 28~30cm。花球洁白，紧密厚实，呈圆球形。平均单球重可达 5kg 左右。晚熟，从定植至收获 130 天。比较抗寒，生长性能稳定，对外界环境适应性强，每亩产量可达 5 000kg 以上。浙江温州地区 7 月中下旬播种育苗；四川等地、长江中下游地区、云贵高原等地 7 月上旬播种；广东、广西壮族自治区 8 月中旬至 9 月上旬播种，春节前后收获上市。因生长期长，植株开展度大，栽植密度要适当放大且要相应增施肥料，采用高垄栽双行，行距 75cm，株距 60cm，每亩栽 1 200~1 500 株。适于四川盆地、长江中下游地区、上海、苏南以及云南、贵州、广东、广西壮族自治区等地作晚熟品种栽培。

3. 祁连白雪

该品种系从荷兰引进的花椰菜一代交配种中采用系统选育方法，经过 11 年的工作选育而成的，原代号荷兰 83-2。该品种产量高，早熟性好，经济效益显著，适应性广，株高 53.6cm，株幅 59.8cm，株型较开张，叶长卵圆形，叶色深，叶面蜡粉中等，外叶数 18~19 片。花球近圆形，乳白色，球高约 14.2cm，直径 19.2cm，花枝短而肥大，花球紧实，平均球重 1.5kg，最大可达 3kg，贮藏性中等。平均 $667m^2$ 产量 2 250kg 以上。祁连白雪花球外观洁白、紧实、商品性好，品质佳，质地细嫩，口感好。田间调查病毒病及黑腐病发病较轻。该品种前期对温度较敏感，因此定植宜采取前期覆盖等保温措施。

4. 申雪 100 天

中晚熟品种，定植后约 100 天收获。花球洁白细腻圆润结实，花球重约 1.5kg，自覆性佳，耐病、耐寒性强。

5. 金雪 1 号

从内蒙古巴彦淖尔市绿丰种业有限责任公司引进。株型紧凑，开展度小。花球紧实，洁白，球形高圆，整齐，单球重 1.3kg 左右，自覆性好，抗黑腐病强。

（五）松花型花椰菜品种

此类型花椰菜花球松散，梗青花白，生脆可口，品质和营养价值优于普通花菜。国内目前主要的松花型花椰菜品种有青松 55、雪丽 65、天青梗松大花椰菜、青梗松花 65、新贵松花 65 天、庆松 65 天、台松 80 天等。

台松 80 天是浙江神良种业有限公司选育的松花型花椰菜品种，成熟期 80 天左右。生长势强，株型壮，花球雪白美观，稍松大，蕾枝稍长，呈浅青梗，单球重 0.5~1kg。抗病性强。

（六）彩色花椰菜品种

1. 紫色花椰菜

（1）紫云。紫云是日本阪田公司选育的紫色中早熟一代杂交花椰菜品种，定植至收获约 60 天。株型中等大，半开展，较紧凑，花球半球形，蕾球圆整，细嫩紧实，品质脆甜，蕾枝短白，重约 1kg。

（2）紫依 F_1。紫依 F_1 是仙圣种苗公司引进的中晚熟一代杂交紫花菜，定植后 80 天采收。叶片蓝绿色，直立生长，花球为艳丽的紫红色，紧实，内外均为紫红色，单球重 1~1.5kg，每亩产量可达 2 000kg 以上耐肥水，抗病毒、黑腐病。炒食脆嫩，无论怎么煮，紫红色鲜艳不变。除富含维生素 C 之外，还含有青花素，具有抗氧化、防衰老、防癌等作用。

2. 黄色花椰菜

（1）翡翠宝塔花菜。翡翠宝塔花菜是欧洲国家流行的果绿花菜类型，花宝塔形，浅绿透明，质地如翡翠，蕾粒细小，由小宝塔组成一个大塔，单塔重 1~2kg，维生素 A 的含量是一般花椰菜的 46 倍，蛋白质是 3~5 倍。

（2）橙色花椰菜。橙色花椰菜花球和花梗为浅橙色，花球半球形。目前，我国市场很少见，多以资源形式分散在各研究机构内。

有机花椰菜的栽培技术

一、有机花椰菜春播栽培技术

（一）品种选择

花椰菜是绿体春化型作物，同时又以花器官为食用产品，对环境的适应性较差，花椰菜不同品种通过春化阶段对低温的要求也不一样，形成了春季栽培型、秋季栽培型、越冬栽培型和春秋兼用型4个生态类型。首先春季栽培一定要根据种植区域和环境条件及栽培条件选用春季栽培型品种或春性较强、适应性较广的春秋兼用型自覆性强的品种。

适合春季栽培的品种有云山、雪洁、雪宝、雪妃、雪岭1号等品种。

（二）适期播种

1. 种子处理

（1）将种子用纱布包好，在50℃水中浸泡15min后捞出，再在30℃水中浸种2h，捞出晾干拌种。

（2）用种子重量的50% DT可湿性粉剂，或50%福美双可湿性粉剂拌种（防黑腐病）。以上方法任选一种。

2. 苗床准备

选未种过十字花科蔬菜的保护地（温室或塑料棚）育苗。营养土配制：用 3 年未种过十字花科蔬菜的园土与腐熟优质有机肥（最好是厩肥）按 7∶3 混匀过筛，并浇上水用薄膜闷盖备用。用 50% 多菌灵可湿性粉剂与 50% 福美双可湿性粉剂按 1∶1 混合，或用 25% 的甲霜灵可湿性粉剂与 70% 代森锰锌按 9∶1 混合。每平方米用药 8~10g 与 15~30kg 细土混合，播种时 2/3 铺入床底，1/3 盖在种子上。

3. 播种及播后管理

在苗床底部铺上药土后，将配制好的干湿适度的营养土铺于苗床，厚 10cm 左右，进行撒播，上盖药土，再盖营养土厚约 1cm，盖上地膜保温保湿。也可以在铺好营养土后，苗床浇透水，撒一层营养土播种，撒上药土及营养土后覆盖地膜。播种后保持温度在 20~25℃。种子顶土时撒去地膜。真叶顶心时进行第一次间苗，苗距约 1cm。这时应适当降温，白天 18~20℃，夜间 10℃，不低于 8℃。当苗子长到 2~3 片叶时分苗于分苗床。分苗床土稍厚约 12cm。分苗间距 8cm×8cm，或分苗于 8cm×10cm 营养钵。

分苗时应浇足稳苗水，5~6 天后浇透缓苗水。分苗后温度保持在 20~25℃以利缓苗。当苗开始生长降低温度在 18~20℃ 之间。当苗长到 6~7 片叶时，加大通风量。定植前一周白天温度降到 15℃，夜间温度 5℃，进行锻炼，以缩短定植后缓苗期。如不进行分苗的，可进行条播，按 8cm×8cm 间距进行二次间苗、定苗，一次成苗定植。定植前进行锻炼并切块闷苗，适时定植。壮苗指标：6~7 片叶，节间短、叶片肥厚、开展度大、叶色绿、蜡粉多，根系发达，无病虫害。

花椰菜属幼苗春化型作物，要求的低温范围较广。春化要求温度不严格，但不同品种通过春化阶段对低温的要求存在着差异。同时花椰菜只有通过春化阶段后才能形成花球，在栽培管理

上要人为地进行控制，使其在分化出足够的叶片后，再通过阶段发育。因为，只有分化出足够的叶片后，营养生长转为生殖生长，才能保证较大的叶面积，满足花球生长发育的需要，获得优质高产。

为使春花椰菜能在高温到来之前形成花球，提高品质和产量，必须适期播种。如播种太早，管理费工，幼苗生长过大，过早地通过阶段发育，定植后就过早地现球，势必影响品质，降低产量。但播种过晚，现球时正处高温季节，就会出现短缩茎伸长，容易形成散花、毛花、畸形花等现象；而且高温多雨天气雨水过多，还容易发生烂球，产量和品质都没有保证。

有一种说法是春花椰菜早播种可以提高叶片的抗寒性，这是没有科学道理的。播种期必须根据品种特性、当地环境、气候条件以及育苗方式、条件而定，如果苗龄过长，不但费工，而且控制不当，容易发生小老苗。所以，春花椰菜的播种期应根据不同品种对低温感应程度以及不同的育苗方式加以确定，通过温度控制、肥水管理培育壮苗，达到早熟丰产的目的。

在京津地区阳畦育苗中晚熟品种，一般在 12 月底至翌年 1 月初播种，苗龄掌握在 85 天左右为宜。温室育苗或快速育苗，在 1 月下切至 2 月中上切播种，苗龄掌握在 50~60 天，生理苗龄 5~6 片叶 1 心为宜。春早熟品种，对低温比较敏感，幼苗易通过春化阶段，要适当晚播，温室一般 2 月中上旬，苗龄掌握在 45~50 天，生理苗龄 4~5 片叶 1 心为宜。

① 阳畦（苗床）土及营养土的配制。

苗床土的配制：播种前每平方米施发酵腐熟并过筛的有机肥 15kg。施肥后要翻整畦面，并将土块打碎，以便有机肥掺混均匀，畦面平整后，用脚踩平，然后用平耙耙平，以防浇水后畦面不平，影响播种质量。在平整畦面时必须使畦面南半部逐渐高出

2cm，因为阳畦北半部的温度较高，土壤水分的蒸发及幼苗的蒸腾作用都比较大，相对消耗的水分也较多，因此在阳畦北半部稍低的情况下，灌水时的水层也较深些而使整个阳畦各部位的水分一致，便于管理。

营养土的配制：配制的营养土必须肥沃，具有良好的物理性状，保水力强，空气通透性好。营养土的优劣直接影响幼苗的生长发育和花椰菜的最终品质和产量。营养土的配制一般比例为：壤土3份、蛭石2份、草炭1份、充分腐熟过筛的有机肥1份；或壤土3份、堆肥（草木灰等）2份、充分腐熟过筛的有机肥1份。配制用的土一定要打碎过筛，各种成分均匀混合后堆墩备用。这种营养土不仅肥沃、通透性好，而且病原菌少，有利于培育壮苗。

装营养钵：在育苗前一周左右将营养钵装好摆放在阳畦或温室宽1.1~1.5cm的育苗畦中，用薄膜盖好备用。要求营养土装得不要太满，以线印为准，标准基本一致。

工厂化育苗：可购置育苗营养土，或用过筛草炭5份、蛭石4份、壤土1份、珍珠岩1份、充分腐熟过筛的有机肥1份，掺匀用水搅拌渗透装袋备用。

装穴盘：在播种前将营养土喷水渗透后把穴盘装满，用平板将穴盘表面土刮平，5~6盘垛起平压使穴盘内营养土下凹0.6cm左右，发芽率95%以上种子每穴播1~2粒后用养土或蛭石覆平，整齐地摆放在苗床上喷透水。

② 播种。

晒种：为使种子发芽整齐一致，应进行种子的精选和晾晒。在精选种子时将杂物和瘪籽剔除，在播种前将种子均匀晾晒。

播种量：播种前应进行发芽试验，然后根据种子发芽率的高低和播种方式来决定播种量。一般种子发芽率在90%，种子千粒

重在 2.5~3.4g 时，温室、温床播种每平方米为 3~4g，冷床播种每平方米为 5~8g。如营养钵点播，一般要播所栽株数的 1.5 倍穴。

浇底水：苗床含有充足的水分才有利于种子发芽、出苗及幼苗正常生长。播种前营养钵要浇透水，阳畦灌水要求达到苗床深度 0.1 米以下，使土层达到饱和状态为宜。因地下水位高低不同，土壤保水能力与底水的大小也应有所差异。地下水位较高和保水能力较强的壤土、黏质壤土，底水应少些；反之地下水位较低和保水能力差的沙壤土或漏水地块底水要大些。如灌水量不足，土壤干燥，会影响种子发芽、出苗，甚至使已发芽的种子干死，出苗后也会影响幼苗的生长；如灌水量过大，不仅会降低地温，也会造成土壤缺氧，从而影响种子正常发芽。因此播种前适量灌水是保证种子正常发芽、出苗的有力措施。灌水后应立即覆盖塑料薄膜进行烤畦，以提高畦温，使幼苗迅速出土。

播种方法：阳畦灌水烤畦后即可进行播种，播种时先撒薄薄的一层过筛细土。播种方法有两种，一种是撒播，将种子均匀撒在育苗床上，然后立即覆盖过筛细土 0.5~8cm，四周撒点鼠药，覆盖薄膜，并用细土将四周封严；另一种方法是点播，播种前按（8~10）cm×（8~10）cm 拉营养方，在土方中间扎 0.5cm 左右深的穴，然后每穴点播 2~3 粒种子，播后随即覆土、盖膜、封严。在阳畦拉营养方前灌水时应注意用铲或平耙晃畦，使畦面稍有浆性，以便容易起坨。有条件的也可在日光温室或改良阳畦采用营养钵育苗，播种覆土后，平地覆盖编织苦布或透光较差的塑料布，也可用塑料薄膜上加遮阳网进行保湿增温，待 50% 左右拱土后，一般在下午就及时揭掉覆盖物。利用营养钵育苗，一方面幼苗空间可以根据需要而改变，便于水肥管理，另一方面定植时不伤根，缓苗快。或可以用穴盘育苗，但畦面要平，穴盘底下最好平铺一层纸。

（1）苗期管理。

① 覆土。在阳畦苗出土后选晴暖无风的中午，覆一次过筛细土，防止畦面龟裂，又可保墒。在幼苗子叶展开第一片真叶吐心时，选晴天无风中午，间去拥挤的幼苗，然后再覆一层 0.5cm 厚的过筛细土，以助幼苗扎根，降低苗床湿度，防止猝倒病等病害发生。注意覆土后要立即盖上塑料薄膜以防闪苗。

② 间苗。在子叶充分展开第一片真叶吐心时进行间苗，以间开为宜。间苗前适当放风，以增加幼苗对外界环境的适应性，并选在晴暖天气进行。

③ 分苗。为了培育壮苗，要及时分苗，防止幼苗密度过大，影响通风透光，造成幼苗徒长。分苗适期在 2 叶 1 心或根系发育良好时进行，分苗行株距为 10cm×10cm。分苗畦的整地施肥与播种畦相同，分苗前 20 天进行烤畦，以畦的南半部烤通为标准，提高地温，以利分苗后缓苗迅速。分苗畦比播种畦要深，如畦过浅在生长后期覆盖时易压坏苗秧。可用塑料拱棚作为分苗畦。分苗方法有两种：一种是开沟贴苗法，按一定的行距先开深 7cm 左右的移苗沟，前壁要略陡，以便贴苗。应先浇稳苗水，再按株距进行贴苗、覆土、压根，紧接着浇第二遍水，然后覆平移植沟，接着开第二行分苗沟。另一种方法是营养钵分苗法，在摆好的营养钵畦中浇透水，然后在中间扎移植穴，再将幼苗根部插入穴内使幼苗根与上触实，用喷壶浇小水稳苗，待苗了叶片上无水珠后覆 0.3cm 厚细上。分苗时要大小苗分开，大苗分在畦的南部，小苗分在畦的北部，以促使幼苗生长一致。

④ 中耕与覆土。采用开沟贴苗法的分苗畦，应在缓苗后经几天的放风锻炼，然后及时中耕，有利于保墒和提高地温。第一次中耕要浅，隔 5~6 天进行第二次中耕时，应略深些。营养钵分苗可不进行中耕，只进行二次覆土，以达到保墒目的。

⑤ 温度管理。从播种至出苗期间，为了提高畦内气温和地温，促使幼苗迅速出土，应加强保温措施。播种后温室内白天温度应控制在 20~25℃，夜间温度在 10℃左右；冷床在播种后要立即扣严塑料薄膜，四周封严。草苫（覆盖物）要早拉早盖，一般下午畦温降至 16~18℃时盖苫，早上揭苫温度以 6~8℃为宜。阳畦经 7 天即可出苗，10 天即可出齐苗，温室白天温度高，一般 5~7 天出齐苗。齐苗到第一片真叶展开阶段开始通风，可适当降低畦内温度，以防幼苗徒长，白天温度控制在 15~20℃，夜间温度在 5~8℃，揭苫时的最低温度在 5℃左右。这段时间天气变化较大，随天气变化掌握好温度是培育壮苗的关键。由于这段时间外界气温较低，阳畦及温室内温度较高，如果不通风降温，造成幼苗徒长，长成节间长的高脚苗，这种苗很难获得早熟丰产，所以无论阴天或刮风天气都要每天按时通风，以降低苗床内的温湿度，即使在下雪天的情况下也要打开苗床两头的塑料薄膜，使苗床内空气流通，注意放风时间要短，风力要小。

放风的大小应以开始小些、少些、逐渐增加为原则，但应注意晴天则大些，阴天或刮风时小些。这是一个循序渐进的过程，切不可急于求成，骤然加大加多。

第一片真叶展开到分苗，正处于严寒季节，这段时间最高温度掌握在 15~18℃，最高不超过 20℃，最低温度控制在 3~5℃，下午畦温降至 12.1℃时盖苫，次日揭苫时最低温度为 2~3℃。分苗前的 7~8 天内要逐渐加大通风量，以增加幼苗在分苗时对外界环境的适应性。为促进缓苗，很快长出新根，在分苗后的 5~7 天里要把塑料薄膜尽量盖严，用细土封严，以提高畦内温度。畦温降至 16~18℃时盖苫，揭苫最低温度在 6~7℃。分苗后到定植前这一阶段时间，平均畦温不应低于 10℃，以免幼苗经常遭受低温感应而先期现花球，影响产量和品质。这一时期为了尽量延长日照时数，给予幼苗最大限度延长光合作用的时间，揭苫时间要适当提早，盖苫时间要适当推迟。

注意在冬季连阴天时，草苫等不透明覆盖物要晚揭早盖，以保持温度，但切不可连续几天不揭苫，要保证幼苗每天有一定时间的散射光照射，否则幼苗长时间在黑暗中，营养被消耗，十分虚弱，晴天突然揭苫，会发生萎蔫甚至死亡。经过控温育苗和低温锻炼的幼苗表现为茎粗壮，节间短，叶片肥厚，深绿色，叶柄短，叶丛紧凑，植株大小均匀，根系发达，这种壮苗定植后缓苗和恢复生长快，对不良环境和病害的抵抗能力强，是夺取早熟丰产的基础。

苗期水肥管理：冬季阳畦育苗一般根据墒情浇 2~3 次水即可，温室营养钵育苗浇水要见湿见干，浇水不要过大以浇透为原则。当叶片生长到 3 叶 1 心时施一次提苗肥，尿素每阳畦施 0.05kg，营养钵每钵 1~2 粒。穴盘育苗浇水要及时、均匀（最好上午），但也要见湿见干，在苗长至一叶一心时用叶而喷施肥磷酸二氢钾 1 000 倍液，一般 7~10 天喷一次。

起苗与囤苗：起苗前应先浇起苗水，起苗水的大小应根据秧苗的大小和畦土松散程度来决定。一般秧苗已达到预定的生理苗龄，并在起苗时不致散坨，浇一次起苗水即可，起苗水可在起苗前 2~3 天浇，起苗时上坨以 10cm×10cm 或 10cm×8cm 为宜，土坨过小会伤根，过大不利缓苗。起苗后将上坨整齐排列在原畦内，然后用潮湿土填缝进行囤苗。并于定植前 7 天左右逐渐去掉覆盖物，大量通风进行低温炼苗，待囤苗 3~4 天新根刚萌出时即可及时定植。

（2）加强技术措施培育壮苗。培育壮苗是夺取优质高产的关键，所以必须确保万无一失。壮苗的标准是植株具有 5 片开展叶一心，茎粗壮，节间短，叶片肥厚，深绿色，叶柄短，叶丛紧

凑，植株大小均匀，生长正常无老化或徒长现象，根群发达并密集于主根的周围，定植后缓苗和恢复生长快，对不良环境和病害的抵抗能力强。

（三）培育壮苗

（1）育苗。为了提早收获春花椰菜，提高产值，应在保护地育苗，培育壮苗是夺取早熟高产的基础。花椰菜喜欢冷凉的气候，因此对育苗床要求不太严格，阳畦、温床、温室等保护设施均可用于春花椰菜育苗。

育苗前的准备：包括育苗前的温室、温床和阳畦准备，加温温室和日光温室用前需检修防寒设备，打土阳畦和温床必须在封冻前的半个月做好准备。

① 阳畦（冷床）。利用阳光加温，成本低，技术易掌握。在10月中旬至11月初选地势高燥、背风向阳、距水源近的地块建造。生产上最常用的是单斜面冷床，坐北朝南，东西向延长，畦宽1.5m，畦长报据覆盖物而定，一般为12m。作畦前先画好基线，浇水湿润土壤，把畦内表土起出后再做畦墙。一般北墙高0.5m，南墙高0.3m，东西墙与南北墙的高度成一斜坡。北墙底宽0.4~0.5m，上宽0.3m，其他墙体宽0.3m左右，要用湿土筑墙，每层踩实压紧，以防塌墙压苗。加够高度后按基线切齐，墙内壁要拍打光滑，整个床而北高南低成一斜面，以南帮上口距畦而0.1m为宜，做到阳畦整平畦底，再把起出的表土与肥料混合均匀放到畦底，也可填入另外配制的营养上，以利发苗（也可按尺寸标准在大棚里用砖砌成阳畦待常年育苗用营养土整平后备用）。阳畦北侧夹风障，育苗场所四周再夹上围障，对于改善育苗畦的小气候作用更好。

阳畦的保温性能取决于阳畦本身结构能否接受阳光和光照时间的长短，以及风障及覆盖物的保温透光能力。在天津市郊区1

月下旬至 2 月底，早晨畦内最低温度约为 5℃，如果冷床上盖严薄膜，保温性能还要好些。2 月下旬畦内温度可稳定在 8℃以上，晴天中午最高气温可达 20~30℃，阴天最高气温明显下降。阳畦的这一特点对花椰菜幼苗生长十分有利。

② 改良阳畦。是在阳畦和小棚基础上演变而成的一种半永久性的保护设施，由棚架、支柱、后墙（土墙或砖墙）、塑料薄膜、草苫或蒲席组成。

改良阳畦墙高 1~1.5m、厚 0.5m，侧排支柱高 0.7~1m，中柱高 1.1~1.8m，跨度 3~4m，屋面呈拱圆形。建造时首先建好后墙，呈东西长，每亩前柱和中柱各 60 根，材料可因地制宜，选用竹竿、木柱或水泥柱，柱直径 7~10cm，长 1.8~1.9m，东西距 3.3m 设一柱，插入土中 30~40cm，柱底垫砖，两排柱顶端东西向用 8 号铁丝拉紧固定，用竹片或竹竿每隔 30cm 支一拱形架，南头插入土中，北头固定在墙上，中间用 8 号铁丝绑紧，自上而下根据棚宽分别用三块薄膜盖于拱架上，一般下脚用 1.2m，便于放风，并用压膜线固定，上下两端用钢筋钩固定于墙上和地下，草苫置于墙上，以便夜间保温之用。

改良阳畦保温性能较好，仅次于日光温室，但由于空间小，热容量小，增温快，降温也快，温度变化剧烈，在天津地区 1~2 月 10cm 处地温在 5℃以上，3 月在 14℃以上。在最寒冷季节，畦内最低温度一般在 2~3℃。晴天升温快，在 10 时揭开草苫，1h 内气温可增加 7~10℃，最快可增加 16℃，昼夜温差大，而阴天昼夜温差小，畦内空气相对湿度较大，夜间在 90%以上。

③ 温床。又分为酿热温床和电热温床。

酿热温床：是在阳畦的基础上加以改造的。畦内填上酿热物，还可以利用酿热物增温来补充太阳热的不足。属于人工补温育苗设施，酿热物一般为马粪、碳氮。在阳畦畦底整平后，南

部再挖深 0.5m，北边挖深 0.3m 左右，中间凸起呈弧形，这样
南北墙基可多填酿热物使床面温度均匀。播种前 10 天左右填酿
热物，先在床底铺一层 0.04~0.05m 厚的碎草或麦穰，以利通气
和减少散热，然后将新鲜马粪和粉碎的作物秸秆、树叶等，按
3：1 的比例混合均匀，泼上水和人鸢保，使含水量达到 75%
左右，其湿度以用手握紧时刚有水珠出现为好。酿热物分层填
入踩实，至床坑的高度为止，一般为 0.2~0.25m，整平后撒盖
0.02~0.03m 厚的含有每平方米混有 25% 敌百虫粉 8~10g 的土，
或在泼水时喷洒辛硫磷，以防地下害虫。再填入 0.1m 以上的营
养土，平整后喷水造墒以备播种整平踩实后备用。同时也可用酿
热物利于发酵（产热）的碳氮，碳氮比为（20~30）：1，含水量
约 70%，在 10℃ 以上的条件下即可顺利发酵产热。常用酿热物
的碳氮比见表 4-1。

表 4-1　常用酿热物的碳氮比

名称	碳（C）（%）	氮（N）（%）	C/N
大麦稀	47	0.6	78.3
小麦稠	46.5	0.65	71.5
稻草	42	0.6	70
玉米秸	43	1.67	25.7
松落叶	42	1.42	29.6
落叶	49	2	24.5
米糠	37	1.7	21.8
纺织屑	59.2	2.32	25.5
速成堆肥（干）	56	2.6	21.5
新鲜厩肥（干）	75	2.8	27
卜粪	18	0.35	24.4
马粪	22.3	1.15	19.3
猪粪	34.3	2.42	16.2

续表

名称	碳（C）（%）	氮（N）（%）	C/N
羊粪	28.9	2.34	12.4
大豆饼	50	9	5.6
棉籽饼	16	5	3.2

经调配碳氮比后的酿热物在播前 10~12 天填入苗床，在露天环境下应选晴暖无风天气进行，若在大棚或温室内则不受天气限制。填床时先在四周铺稻草（或麦秸）4~6cm，然后将酿热物分 2~3 层填入，播种前忌大水灌，采用控制水量的喷灌使营养土湿透为度，否则会降低床温，不利于发芽。

④ 电热温床。在阳畦的基础上，铺上电热线，加上控温仪成为能够控制苗床温度的电加热温床。电热温床温度不受外界环境的影响，可使幼苗一直处在较适宜的温度下生长。另外，温床的地温高于气温，培育的幼苗健壮、根系发达，适于在早春保护地作早熟栽培。选用此温床时播种期比阳畦、酿热温床要晚，苗龄要短。

⑤ 加温温室。成本较高，用日光温室或加温温室育苗，便于人们在室内对幼苗加强管理，但出齐苗后要尽快放风降温，以防幼苗徒长，因此育苗温室要单独使用，不能与冬季生产的瓜果等喜温蔬菜合用，否则不便控制温度。有条件的地方，春季花椰菜栽培应尽量采用日光温室育苗。

（四）整地施基肥

采用地膜覆盖高垄栽培。每亩施优质腐熟农家肥 5 000~6 000kg，磷二铵 10~15kg，尿素 20kg，硫酸钾 15~20kg。施肥后按垄高 15cm，行距 40~50cm（单行定植），或宽行 6cm，窄行 35cm 作垄（双行定植）。作垄后立即覆地膜，保墒保温。

露地花椰菜多选用秋深耕晒垄未种过十字花科作物的冬闲地，

开春地化通后整地。由于花椰菜在耕作层有发达的侧根和不定根，形成强大的网状根群，如进行深耕，加厚耕作层，则根群可以生长得更深，并在深层发生很多分根，使根群深入发展，这样一方面可以扩大吸收养分和水分的范围；另一方面可以在生长过程中均衡地得到养分和水分的供应，这对于地上部的生长和产量的增加有极大的好处。倘若根群很浅，则灌水后因水分的迅速下降和蒸发，浅层土壤水分不稳定，水分供应不能均衡，施肥后养分受灌水和雨水的淋溶而渗入深层，也不能被花椰菜充分利用，因此在头年的秋季作物收获后要及时深耕，立冬后浇冻水。利用冬季的冰冻作用改良土壤的物理性状，并进行长期的养分分解以增加肥力。惊蛰节前要进行一次土地镇压，将土块压碎，惊蛰节后平整土地，每亩施优质农家肥 5 000~6 000kg、磷酸二铵15kg、硫酸钾 35kg。然后深耕耙平使粪土混合均匀后，一般按畦长 8~10m 作平畦。整好畦后打沟条施复合肥或稀土硝酸钙和钾宝按每亩 25kg 待用或铺上地膜。

采用地膜覆盖进行春露地花椰菜栽培不仅可以增温保湿，促进植株生长，还可以抑制杂草生长。其方式有两种，一种是直接覆盖地表，另一种是先拱棚后盖地。

① 直接覆盖地表。定植前先覆盖地膜，要求地膜平贴地面，然后打孔栽苗后用土将膜孔封严。此方法虽能减少中耕次数，省工省力，降低成本，但不如"先拱棚后盖地"方法缓苗快。

② 先拱棚后盖地。定植后按种植畦用细竹竿拱高 50cm 以下棚架，在上面覆地膜，覆盖地膜一定要拉紧，用土将四周压严实，在畦头伸管浇定植水后封严，防止地膜被风吹动，缓苗前一般不浇水，以利于提高地温。待 5 天幼苗开始缓长时，随温度渐高白天开始放小风，在土壤相宜时选晴无风天将南面掀起进行浅中耕。待 2 天后根据墒情选晴天上午浇催苗水，畦土相宜后连

续进行 2~3 遍中耕保墒提高地温。当外界最低气温稳定在 51 以上，选晴天下午将竹竿抽去使地膜落地，用手在膜上开口引出苗，用土将苗穴封严压实，防止地膜因风鼓起和杂草滋生。

（五）适时定植

定植：塑料大棚在 3 月上旬定植，露地在 3 月下旬至 4 月上中旬定植。定植株距 50cm。定植后浇足扎根水，5~6 天后浇透缓苗水。定植时严格剔除病、弱、杂苗，杜绝裸根定植。每亩保苗 3 000 株。

春露地花椰菜定植后，外界气温尚低，有时还会出现霜冻，所以定植后有一段较长时间的缓苗期，一般为 10~15 天。缓苗期的长短与幼苗健壮程度、定植期的早晚、定植时伤根的多少以及定植后的管理有密切关系。春露地花椰菜的适时定植很重要。定植过晚，成熟期推迟，形成花球时正处高温，会使花球品质变劣，产值低；定植过早会造成先期现球，影响产量，一般在 5cm 深处地温稳定在 5℃以上，日平均气温稳定在 6℃以上才适宜定植。定植应选择晴天无风时进行，以利于缓苗。天津市郊区多在 3 月中下旬至 4 月初定植，如采用风障、地膜覆盖栽培，定植期应提前到 3 月中上旬。

合理密植是夺取丰产的技术措施之一。不同的品种定植密度不同，一般早熟品种每亩定植 3 300 株，中熟品种 2 800 株，而中晚熟品种 2 600 株为宜。同时土壤肥力的高低也是确定种植密度的因素，土壤肥力高，植株开展度较大，就适当稀些，反之就应稍密一些，以便获得较高的产量。定植时在起苗、运苗和定植过程中必须十分仔细，不能散坨，以保证幼苗定植后缓苗快，从而促进早熟。

（六）田间管理

（1）幼苗期。灌缓苗水后应及时中耕培土 1~2 次。发现幼苗生长过弱、土壤干燥时，根据天气情况进行浇水，并补施少量速效氮肥。

（2）莲座期。当叶簇长大封垄，进入莲座期后控水控肥、中耕培土、进行蹲苗。蹲苗期根据品种而定。一般早熟品种 6~8 天，中晚熟品种 10~15 天。蹲苗结束浇一次透水，随水追施尿素 5~10kg，并及时中耕。中耕时注意保护叶片。

（3）结球期。莲座后期，花球出现并进入花球迅速膨大阶段，对肥水需求量增加。这时应注意浇水，保持土壤湿润，结合浇水追施尿素 10~15kg，硫酸钾 10kg，磷二铵 10kg，并叶面喷施 0.2%硼砂溶液 1~2 次。结球后期控制灌水、追肥。

（4）束叶遮阴。为保护花球避免阳光直射可在花球 10cm 大时，束叶遮阴，保证花球洁白。但束叶不可过早以免影响光合作用，使花球膨大缓慢。

（5）采收。花椰菜成熟后应及时采收。采收过晚，花球松散，降低商品价值。采收时还应适当留外叶保护花球。贮运应符合无公害蔬菜技术标准。

（七）采收

当花球长到拳头大时，心叶不能抱合护球的品种要折叶盖花球，使花球不受阳光照射而更洁白、漂亮，或以细绳扎束外叶以达到遮光的目的，同时可增加花球厚度。当花球充分长大还未松散时，是采收的最佳时期。适时采收是保证花椰菜优良品质的一项重要措施，如采收过早影响产量，过晚花球松散降低品质，甚至失去商品价值。收获时要保留 3~4 片叶包花球，以免在运输中弄脏花球。

二、有机花椰菜夏播栽培技术

（一）品种选择

夏花椰菜主要生长期在4—9月，高温、高湿是此阶段的主要气候特点。因此，夏花椰菜栽培要选择耐热、耐湿、抗病、丰产、早熟的优良品种，如喜美60天、庆农45天、华美65天、安南3号等。

（二）适期播种

夏花椰菜播期的确定要根据省内外市场需要确定。一般自4月中下旬开始至5月中上旬均可播种。夏花椰菜也有两种栽培方式。即直播栽培和育苗栽培。两种方式大约各占一半。是根据上茬作物收获的早晚确定直播或育苗。

（三）培育壮苗

夏花椰菜育苗在露地进行，苗床设置与消毒、种子处理与播种、分苗，均与春花椰菜相同。只是夏花椰菜幼苗期正处在高温多雨、病虫害多发季节。所以要选择地势较高、空旷通风、便于排水的地块。同时注意覆盖遮阴，防治病虫害。播种后一般不覆盖地膜以免地温过高，而是覆草保湿，覆草要经常洒水保持湿润，出苗后撤去覆草。育苗可采用二级分苗。一般分在苗床而不用营养钵，以免水分不足。也可不分苗，按8cm×8cm定苗。定植时直接切块定植。也可边切块边定植，不需要经过囤苗。定植后立即灌足缓苗水。

（四）整地施基肥

整地前施足基肥，一般每亩施腐熟农家肥2 000~3 000kg、三元复合肥50kg或将三元复合肥25kg和多元硼、锌肥0.7~1kg作为基肥施入种植穴，与穴底土壤拌匀。如果前茬是旱作或偏酸性土壤，应在施基肥前7~10天，每亩施生石灰70~80kg，翻耕

入土，能起到杀菌和调节酸碱度的作用。深耕 20cm，做小高畦，开畦沟和排水沟，一般畦高 15~18cm、宽 80cm，沟宽 35cm。

（五）适时定植

在苗龄 20 天左右、幼苗 4~5 片时定植，定植前一天给苗床浇透水，以便起坨。为了避免刚刚栽植的幼苗受到中午强光和高温的伤害，宜在阴天或晴天的傍晚定植。起苗时要做到土不散坨，随起随栽。移植时需要根植、浅栽，压紧根部，栽后立即浇定根水，以利成活保全苗。

（六）田间管理

夏花椰菜不论直播栽培还是育苗栽培，管理技术与春花椰菜相同。需强调的是从出苗到收获，要把病虫害防治作为重点。同时还要注意促控结合，充分满足肥需要，避免脱水脱肥，以获得好的产量和品质。

（七）采收

花椰菜采收标准为：花球充分长大，表面平滑，边缘尚未散开，花球洁白而致密。适时采收花球是花椰菜栽培的一个重要环节，花椰菜花球的采收期比较长，一般要分批采收。采收时用刀割下花球，每个花球带 4~6 片小叶，以保护花球，避免损伤。

三、有机秋花椰菜栽培技术

（一）品种选择

应根据当地的实际（环境、气候、栽培条件）情况，选用适合于本地框栽培的优良品种，早熟品种有丰花 60、津品 65、津品 66、泰国耐热 60 天、白马王子 60 天等，中熟品种有云山、津雪 88、津品 70、津品 80、先花 80 等，晚熟品种有雪宝、雪妃、玛瑞亚等。适宜的播种期是秋花椰菜高产栽培的基础。应根据当地市场的需要以及当地最有利于花椰菜营养生长时期的环境条件、气候条件的不同来选择适宜的品种和确定最佳播种期。京津地区在正常年份一般极早熟、早熟品种 6 月 20—25 日播种为宜，中晚熟品种 6 月底至 7 月初为播种适期。

（二）适期播种

6 月底到 7 月初为秋菜花的适宜播种期。

（三）培育壮苗

1. 苗床准备

一般在开春地化通后，选择前茬没种过十字花科作物的肥沃壤上备土成堆用薄膜封严备用。待 5 月按比例（同前）将营养土配好用 45% 代森铵或 40% 福美双可湿性粉剂按千分之一比例，与营养土混匀，同时用杀虫药喷施后用薄膜封严备用。

秋花椰菜的育苗时期正处于高温多雨季节，因此育苗方式与春花椰菜有所不同。育苗要选择地势高燥、排水畅快、通风良好的地块作苗床，育苗前按宽 2~1.5m 与 1m 的间隔距离画线作畦埂。在 1m 畦的中心挖排水沟，排水沟深 15~25cm、宽 30~40cm，排水沟的两侧为压膜区。育苗床畦宽 1.2~1.5m、长为 7m。做成平整的四平畦，畦面要平压实后用 9cm×9cm 营养钵装土横竖对齐见方挨紧平摆在育苗畦中，用薄膜盖好以备播种。

秋花椰菜播种季节气温高，阳光强烈，易发生阵雨或撮雨，需要在荫棚下播种育苗，这是秋季保全苗的一项重要措施。搭荫棚可就地取材，搭成高 1m 左右的拱棚，上盖遮阳网或苇席（荫棚要比畦而宽一些），以降低苗床温度。同时要加盖塑料薄膜，一是保湿，二是防止暴雨对幼苗的冲击，如用塑料薄膜搭成拱棚，切忌盖严，四周须离地而 30cm 以上，以利通风降温，防止烤苗。当苗拱土 50% 左右时选下午 5 时左右将塑料薄膜及遮阳

网撤掉，换上窗纱，以防菜蛾侵害，同时要把下畦口打开保证排水。如用纱网棚育苗，播种后用黑编织苫布或薄膜黑纱平畦盖即可，一般播种第 3 天傍晚幼苗拱土 50％ 左右将覆盖物撤掉。

2. 种子处理

每亩用种量 35g 左右，约需苗床 10m²。播前晒种 2~3 天，并用 50％ 多菌灵拌毒土混匀播种，防止苗期病害。

3. 播种及苗床管理

苗床先浇透水，随即将种子均匀播于床面，并铺盖 0.5~1.0cm 厚的过筛细土，畦上覆盖遮阳网或麦秸草以利保湿出苗，待出苗后揭去覆盖物，搭架覆盖遮阳网，以防晒、降温及防暴雨冲刷，苗期适当控制浇水，如需浇水，应于浇水后轻轻补撒熟细土，以防幼苗根系外露与倒伏。

4. 间苗

播种后 3~4 天幼苗出齐，应立刻去掉遮阳物及塑料薄膜，以免温度过高幼苗徒长。如 4 天后幼苗未出齐，应及时喷一次小水，以保证幼苗出土一致。出齐苗后进行一次复土保墒，一周后叶展开了及时间苗，每穴留 1~2 株，根据墒情下午喷（浇）小水，以透为准，待叶片无水珠进行第二次覆土，随浇水进行第三次覆土。这样苗壮、茎粗、发根好。浇水、覆土应避开阳光充足时间，最好选择下午 3~4 时后浇水，待叶片无水珠后覆土，以防烫伤幼苗。幼苗长至一片展开叶一心时将缺苗补齐进行第二次间苗，每穴留 1 株。

苗期需要有充分的水分以降低地表温度，保护幼苗根系正常生长和防止病毒病的感染，一般根据墒情每隔 3~4 天浇一次水，以透为准。由于此时气温高、雨水较多，忌浇大水，特别是早熟花椰菜更要及时浇小水，保持苗床见湿见干，要求最适宜的土壤湿度为 70％~80％，以促进幼苗生长的苗期水分管理是关键，早熟品种绝不能控水，防止幼苗老化。当长到 2 叶 1 心时，结合烧水施提苗肥，每穴钵追施尿素 1~2 粒，促进幼苗苗壮生长。

整个育苗期要特别注意雨水的侵袭和害虫的为害，大雨天棚顶要及时覆盖塑料薄膜，防止大雨袭击，培育壮苗。平时每周喷一次化学农药用以防虫，同时要及时拔除苗床内的杂草。

（四）整地施基肥

深翻土壤重施有机肥，增施磷钾肥，少施氮肥，每亩大田施充分腐熟有机肥 3 000kg、复合肥 50kg、硫酸钾 15kg，当幼苗5~6 片真叶时定植（9 月上中旬）。定植前再浅耕耙平，做成高畦，畦宽 70cm，行距 55cm，株距 45cm，2 500 株 /667m^2 左右，栽后立即浇水。

选择地势较高、排水通畅的肥沃园田栽培，忌与十字花科蔬菜连作和重茬。在清理干净杂草和前茬残留枝叶的基础上，每亩普施腐熟有机肥 4 000~5 000kg、磷酸二铵 15kg、硫酸钾 35kg。施肥后要及时翻地深耕耙平使粪、土、肥混合均匀后，做成慢跑水畦，同时将排水沟挖好以利排水。

（五）适时定植

当苗龄 25~30 天，具 5~6 片真叶时移栽定植。移栽前大田施足基肥，每亩施优质腐熟有机肥 4 000kg、三元复合肥30~40kg、硼砂 5kg，精整作畦，畦宽 90cm，沟宽 20~25cm，深 35cm，每畦栽 2 行，株行距（30cm×40cm）每亩栽3 000~3 500 株。苗床在定植前一天浇水，定植当天边挖苗、运苗、边栽苗，全定植后立即浇水，隔一两天再浇一水。定植期雨多，可根据情况适当少浇，并注意排水防涝，缓苗后中耕一次。有平畦、平畦起垄栽培、小高畦栽培。秋花椰菜定植正处于高温多雨时期，由于花椰菜根浅怕涝、须根发达，所以最好采取平畦起垄栽培或小高畦栽培方式。

（1）平畦起垄栽培。定植时气温高要求平畦露坨定植，定植后中耕 3 遍后起 20cm 起垄。此办法足植后能加强中耕，促进根系发育，缓苗快。

（2）小高畦栽培。定植前将定植畦（平畦）做成 20~25cm 高的畦。此方法定植后浇水一定要将土坨湿透后，把沟水排出。在幼苗苗龄 25~28 天、生理苗龄早熟品种 3 片真叶 1 心；中晚熟品种 4~5 片真叶 1 心时，应及时定植，忌用大龄苗；最好选阴天或傍晚定植（缓苗快），并且要及时跟上浇水，以免高温灼伤幼苗。定植过程中，起苗、运苗和栽苗都要十分小心，不要使土坨散落，平畦栽培注意苗不要栽得过深，以土坨和畦面相平为宜，小高畦定植要稍抹土坨并压实。如果定植时幼苗大小不一，必须分开定植，以便管理。

秋花椰菜的营养面积取决于品种的特性和栽培条件。一般早熟花椰菜品种行距为 50cm，株距为 35cm，每亩定植 3 000~3 300 株；中熟花椰菜品种行距为 50cm，株距为 40~45cm，每亩定植 2 800 株；中晚熟花椰菜品种行距为 50cm，株距 45~50cm，每亩 2 400 株。

（六）田间管理

1. 莲座期

菜花喜肥耐肥，必须经常追施氮肥，定植缓苗后及时追一次肥，以后每隔 7~10 天追肥 1 次，每次追施尿素 8~10kg，生长期间应经常浇水，并结合追肥，畦面见干见湿。

2. 花球膨大期

心叶旋拧出花球后应重施追肥，注意补充磷钾肥，每亩施复合肥 20~25kg，尿素 15~20kg，追肥后浇水。以后每 5~7 天浇一次，以免干旱引起散花球。花球长至直径 9cm，进入结球后期，每隔 2~3 天浇一次水，以促进花球膨大。

3. 根外追肥

菜花对硼、铜等微量元素敏感，可结合防病、虫喷施磷酸二氢钾、植物活力素、硼砂等液肥 2~3 次。

4. 提高花球的商品性

出现花球后，可将基部老叶片摘下盖住花球，避免高温导致花球松散或花薹抽生。还可将靠近花球的 4~5 片大叶捆起来遮住花球，避免阳光直射，影响品质及外观。秋花椰菜定植后正处于高温季节，有时中午地表温度高达 50℃以上，因此需增加灌水次数，要小水勤浇。灌水不仅可直接降低土壤温度，而且由于土壤湿润加大了土壤蒸发量，使地表温度有所降低。高温干旱不仅不利于幼苗生长，而且易于虫害繁殖和传播以及病毒病的发生，并且易使早熟花椰菜花球发育不正常而形成异常花球，所以要小水勤浇。在无雨天气应根据土壤墒情每隔 3~4 天浇一次水，由于此时正是雨季，天气变化无常，忌大水漫灌。并做到勤锄划，一般中耕 3 次，一浅、二深、三细起垄，增加土壤的通透性，促进根系向深层发展，有利缓苗和生长。定植后浇第二次水时，应追施化肥，每亩施尿素或复合肥（追肥）15kg，以促进幼苗的健壮生长。每次浇水后要将下畦口打开，以利排水防涝。雨季过后，要彻底清除田间杂草。如遇雨水过多年份，要特别注意排水，特别是降雨时或雨后，以防田间积水造成烂根和病害发生，并加强中耕散墒，改善土壤通透性。如遇到连绵阴雨，可在雨前每亩追施 5~10kg 硫酸铵等氮素化肥，补充土壤中养分流失，还能缓解土壤中积水后产生的硫化氢一类有毒物质。

在立秋前后，水肥管理一定要根据天气进行，此时一般湿度大，应一看苗了长相，二看土壤墒情，三看天气变化，尽量减少浇水量和浇水次数。所以，早熟品种定植后一是尽快把苗子吹起来，中晚熟品种缓苗后中耕要及时，中耕要深，增加土壤通透

性，促进新根发育，三次中耕要细，保住土壤墒情，起垄防涝，控制病害发生。

由于花椰菜根系分布浅、须根发达，尤其是根基上部须根更发达，再加上秋季栽培定植后正处高温多雨季节，所以秋季花椰菜栽培应采取平畦起垄栽培为好，可预防病害侵袭，促进新根发育，促使植株生长健壮，增加抗病能力。

秋早熟花椰菜忌蹲苗，要以促为主，要边中耕，根据墒情边浇水，以促进秧苗生长，防止老化，一促到底，否则容易出现先期现球、毛球等不良现象。中晚熟花椰菜进行中耕蹲苗，蹲苗时间不可太长，以7天左右为宜，蹲苗后每亩追施尿素或复合肥15kg或硫酸铵20kg，以后根据墒情每隔5天浇一次水，最好采取隔一水施一次肥，待植株全部现花球长到馒头大时进行最后一次追肥，以后每隔4~5天浇一次水，以获得硕大而质优的花球。当花球生长到拳头大时，心叶不能抱合护球的品种进行折叶盖球以免受阳光直射，或用细绳将植株扎束以获洁白、细嫩、更优质的高粒花球。由于花椰菜根深20cm，根群分布在40cm左右的耕作层，所以在整个生育期，肥水管理应本着轻浇勤施、小水勤浇的原则，以促进秧体苗壮成长，防止养分流失。整个生育期用肥量，以硫酸铵为标准，早熟品种每亩施60kg，中熟品种每亩施80kg，晚熟品种每亩施100kg。追施时适当增施磷、钾肥和微量元素肥，有利于增强植株的抗病性，加速同化物质的运转，促进花球形成与发育。同时注意采取措施，防病治虫。

（七）病虫害防治

1. 病害

主要有病毒病、霜霉病、黑腐病、软腐病等。病毒病可用20％的病毒A可湿性粉剂500~600倍液进行喷雾防治；霜霉病可用72％的杜邦克露可湿性粉剂500~600倍液或72.2％的普力克水剂 800 倍液喷雾防治；软腐及黑腐病可用 72% 农用硫酸链霉素 4 000 倍液，或 77% 可杀得 500 倍液进行喷雾防治。

2. 虫害

主要有蚜虫、菜青虫、小菜蛾、甜菜夜蛾、斜纹夜蛾等。蚜虫可用 2.5% 的吡虫啉 1 000~1 500 倍液进行喷雾防治；菜青虫、小菜蛾、甜菜夜蛾、斜纹夜蛾等可用 5% 的抑太保乳油 2 000~3 000 倍液、20% 敌杀死或 20% 氰戊菊酯 3 000~5 000 倍液等进行喷雾防治。上述药剂需轮换使用。

（八）采收

从出现花球到采收约需 20 天，过早会影响产量，过迟花球松散，应分期采收，一般在花球充分长大、表面圆正、边缘未散开时收获，通常每隔 2~3 天采收 1 次。当花球充分长大还未松散或直径 15~20 cm 时，适时采收，确保丰产增收。

四、有机花椰菜设施栽培技术

（一）保护地花椰菜栽培

花椰菜通过春化阶段对低温的要求与甘蓝差别很大。它的耐寒、耐热能力均不如结球甘蓝，是甘蓝类蔬菜中对温度较为严格的一种蔬菜。因此，在保护地栽培管理上要人为地进行控制，无论采用何种设施，进行不同季节保护地栽培，都要围绕着为花椰菜生长发育提供所需的温度、光照、水分、养分等环境条件。其中以温度最重要，它是花椰菜生长的制约条件；其次是光照，光照不足也影响温度的提高。因此各种栽培手段的应用都应以设施的性能特点为基础，以花椰菜对环境条件的要求及气候条件为依据，尽可能在反季节栽培中创造出适合其生长发育的环境条件。采取相应措施，使其生长和分化出足够的叶片后，再通过花芽分化，形成花球，以获得优质高产。

花椰菜除了露地栽培外，还可利用大、中、小棚进行春提早和秋延后栽培，也可利用改良阳畦和日光温室进行秋冬和冬春保护地栽培（表4-2）。

表4-2　花椰菜保护地栽培主要形式

栽培方式		育苗方式	播种期	定植期	收获期
早 春	改良阳畦	阳畦、简易温	11月至12月上旬	1月中下旬	4月上旬
	小拱棚夜间覆盖草苫	阳畦、简易温室	12月至1月初	2月中下旬	4—5月
	大、中棚地膜覆盖	阳畦、简易温室	月中上旬至1月上旬	2月下旬	4月下旬
	小棚内加薄膜双层覆盖	阳畦、简易温室	12月中下旬至1月中上旬	3月上旬	5月
春	日光温室或改岛阳畦	阳畦、简易温室	11月至12月初	1月上旬	3月
秋 延 后	大棚	露地遮阴	7月底至8月初	8月底至9月初	11月中下旬12月
	假植	露地遮阴	8月中下旬	9月下旬	元旦
秋 冬	日光温室或改芑阳畦	露地遮阴	8月底至9月初	10月中上旬	春节

注：穴盘育苗苗龄一般掌握在40天以内。

（二）大棚春花椰菜栽培

1.选择适宜品种，适时播种，培育壮苗

春季大、中棚栽培花椰菜以选用津品70、津雪88、雪宝、云山、雪妃等早春品种为宜。

合理安排播期：早春保护地栽培，大、中棚温度昼夜温差大，温度升高快，必须在高温到来之前形成花球。在京津地区，如采取阳畦育苗，一般在12月中上旬播种（增厚覆盖物），苗龄

掌握在 70 天左右为宜，也可采用温室营养钵育苗，一般在 1 月播种，苗龄最好不超过 50 天，生理苗龄 5~6 片叶 1 心为宜。如苗龄过长，不但费工，而且控制不当，容易造成小老苗或徒长大龄苗。花椰菜春保护地栽培一定要通过温度控制培育壮苗，达到早熟丰产的目的。方法与春季露地栽培基本相同。

2. 及早扣棚，整地施肥

春保护地花椰菜栽培多选用瓜类、豆类、葱蒜类为前茬作物，忌十字花科作物。在定植前一个月左右扣棚烤地，提高地温。注意留好放风口，一般留在棚两侧或棚前中上部距地面 80~100cm 处。在秋耕晒垡的基础上，土壤化冻后，按每亩施农家肥和磷、钾肥（同前）。翻上掺匀后做平畦，一般畦长按棚长做 7~10m、宽 1~1.1m。做好畦后，按一定行距沟施复合肥 25kg，准备定植。

3. 适时定植，合理密植

合理密植是花椰菜保护地栽培增产增值的重要措施，不同品种的种植密度有所差异，早熟品种可以适当密些，一般每亩栽 3 100 株左右为宜，每畦种 2 行，株距 36cm 左右。大小苗要分开种植。如采取地膜覆盖栽培，最好先中耕后再盖膜，有利于发根。中熟品种可以适当稀些，以亩栽 2 800 株左右为宜，株距 40cm。晚熟品种在保护地栽培意义不大。春保护地栽培花椰菜，适时定植对夺取早熟丰产很重要，定植过晚失去了保护地栽培的意义，定植过早外界气温较低，有时还会受冻害，一般棚内表土温度稳定在 5℃以上，即可选寒流过去开始回暖的无风天气定植。京津地区定植时期一般在 2 月下旬至 3 月初，选壮苗定植，定植后晚上可加盖薄膜，采取双层覆盖防寒保温，以利缓苗。

4. 田间管理

（1）温度管理。保护地定植时因外界气温较低又不稳定，有

时可能受寒潮影响。为了促进缓苗，定植后浇水要适中，忌大水，浇水后要注意阉棚7天左右。幼苗开始生长时，大棚的放风口由小到大，使棚内温度白天保持在20℃左右，最高不得超过25℃，夜间在5~10℃。一般上午棚温达20℃时放风，下午棚温降到20℃时关闭风口。缓苗后，白天棚温超过22℃时进行通风，注意不要放底风。中后期随着外界气温升高，要加大放风，使棚温白天保持在18~20℃，夜间在13~15℃。当外界夜间最低气温达到10℃以上时，要大放风，并不再关风门。

缓苗后的幼苗，在高温高湿条件下，外叶生长旺盛显得特别肥大。若温度超过25℃，花椰菜的同化作用降低，呼吸作用增强，会消耗过多的养分而造成秧苗生长发育不良，加快基部叶片的黄化脱落和植株的徒长，现球生长延迟，达不到早熟丰产的目的。所以定植后应及时放风控温，是搞好保护地春花椰菜栽培管理的关键。相反，温度过低，造成先期现球，使花椰菜失去商品价值，轻则影响产量和产值，重则绝收。

（2）肥水管理。定植后棚内蒸发量不大，不必急于浇缓苗水，幼苗开始生长时可进行浅中耕，提高地温，促进根系发育。在定植后的10天左右根据墒情可选晴天上午浇缓苗水，水量要小，畦尾不存水，土壤相应后进行深中耕，在苗周围划破地皮3~4cm，边缘深耕7~8cm即可。结合不同品种特性适当蹲苗（一般7~10天），在此期间进行第三次细中耕，同时将行间土往苗两边带自然成垄，这种平畦起垄栽培有利于花椰菜发根。蹲苗后，结合浇水每亩施复合肥或稀土硝酸钙和钾肥20~25kg、尿素15kg，以促进植株迅速而健壮地生长，获得强大的叶丛，有利于花球发育。当植株心叶开始拧抱时，每亩施尿素10~15kg和适量的钾肥，以促进结球，以后每隔5~7天浇一次水，直至收获。而极早熟品种如津品70、津雪88，定植后忌蹲苗，以促为主，一促到底，形成强大的营养钵，这是获得高产、优质花球的关键，否则会先期现球。在花球膨大期叶面喷施 0.2% 磷酸二氢钾 1~2 次，以利于花球发育。为了不使花椰菜缺硼、钼，可在每亩内施硼砂 50~100g 或钼酸铵 50g，用水溶解后与其他基肥拌匀作基肥。生产过程中如发现缺硼或缺钼的症状，则应及时进行根外追肥，缺硼可用 0%~0.5% 的硼砂或硼酸叶面喷施，缺钼则用 0.01%~07% 的钼酸钠或钼酸铵溶液喷洒叶面，每隔 3~4 天一次，连续 3 次即可得到良好的效果。

5. 采收

当花球充分长大还未松散时，是采收的最佳时期。适时采收，是保证花椰菜优良品质的一项重要措施。

（三）秋冬茬日光温室花椰菜栽培

选择适宜秋季栽培适应性较强、抗病的中熟品种类型，如津品 70、津雪 88、津品 80、先花 80 等。花椰菜须根多、较弱、怕涝，育苗畦应选择土壤肥沃、排水量良好的地块作畦。

7 月底至 8 月初播种育苗，8 月底至 9 月初定植（育苗方法及管理同前）此时气温较高，一般经 3 天根据墒情再浇一水，土壤相应后浅中耕保持上壤湿润。缓苗后随水每亩冲施硫铵 15kg，待表土不黏时，进行深中耕、细中耕，增强土壤通气性，保墒，促进根系生长，蹲苗 5~6 天后及时浇水追肥，以后根据墒情 6 天左右浇一水，隔一水一肥，每次亩施硫铵 15~20kg 或尿素 10~15kg。使秧体在小花球出现前，长成外叶多且肥厚的硕大营养钵。随着外界气温下降，蒸发和蒸腾量的减少，7~8 天浇一水，11 月初尽量减少浇水，基本不施肥。9 月中下旬以前大棚处于"天棚"状态，或处于露地生长。9 月中下旬后盖棚膜，或把四周棚膜放下，白天打开通风口，通风时间要长，保持 18~20℃，夜间 10℃左右。10 月中下旬以后，温度逐渐下

降，夜间应把四周围上草帘，保持最低温度在 5.1℃以上，短时间 1~2℃，使花球不受冻为宜，秋延后花椰菜从 11 月中下切起，可以收获到 12 月初。

有机花椰菜的采收与贮藏

一、有机花椰菜的贮藏

（一）有机花椰菜的贮藏特性

贮藏上花椰菜对环境条件的要求与甘蓝类似，相对湿度为90%~95%，适温为0~1℃。在0℃以下花球易受冻，温度过高，容易引起变色、抽薹、萎缩等质变。花椰菜在贮藏中，有明显的乙烯释放，这也是花球变质衰老的重要原因。

花椰菜采收以后，除了花球组织本身易衰老变质外，还因花球组织非常嫩脆，缺乏保护结构，在采收和贮运过程中，经常造成碰伤和擦伤，伤部极易变色，感染病害而引起腐烂。所以在采收时应留2~3轮外叶，可对内部花球起到一定的保护作用。在贮藏期间，外叶中积贮的养分可向花球转移而使之继续长大充实。

对于已经长成的花椰菜，贮藏中易松球、花球褐变（变黄、变暗、出现褐色斑点）及腐烂，使品质降低。菜花松球是发育不完全的小花分开生长，而不密集所致，松球是衰老的象征。采收期延迟或采后不适当的贮藏环境，如高温、低湿等，都可能引起松球。引起花球褐变的原因也很多，如花球采前或采后暴露在阳光下，花球遭受低温冻害，失水和受到病菌感染等都能使菜花变

褐，严重时还能变成灰黑色的污点，甚至腐烂失去食用价值。可用 2，4-D 及 BA 处理以防外叶在贮藏中脱落或黄化。

此外，不同品种或不同产地的菜花耐贮性也有不同。春季栽培品种以瑞士雪球贮藏性较好，秋季栽培品种以荷兰雪球耐贮性好，据报道，瑞士雪球比丹京耐贮，天津产的比北京产的耐贮。另外，耐贮藏的品种还有兰州雪球和一些日本品种。

1. 影响花椰菜贮藏效果的因素

（1）品种和采收。选择花球大而充实，七八成熟、品质好、质量高的中晚熟品种进行贮藏。采收时选择晴天，将花球带 2~3 轮外叶割下，有利于贮藏和运输时保护花球。

（2）温度。适宜的贮藏温度为 0~1℃，温度过高会使花球失水萎蔫、褐变，甚至腐烂；若贮藏温度低于 0℃，花球会出现局部透明状，造成冻害，受冻的花椰菜一般不能解冻复原，不能继续贮藏。

（3）相对湿度。贮藏适宜的相对湿度为 90%~95%。湿度低于 85% 时，花球易失水萎蔫或散花变色；湿度过大，不仅容易引起微生物生长，导致花球霉烂变质，还会造成结露水过多，浸泡花球，产生褐变。

（4）气体成分。贮藏适宜的气体成分为 O_2 2%~3%、CO_2 3%~4%。贮藏过程中，要保持稳定的气体构成，以延长贮期，提高花球保鲜质量。

2. 贮藏期主要病害及防治方法

花椰菜贮期主要病害为黑斑病，由交链孢菌引起。最初使花芽脱色，随后变褐，花球上出现许多褐斑而使商品价值下降，在潮湿的条件下花球长出黑色霉状物，造成严重腐烂。为控制病害发生，可在采前 2~7 天用 500~800mg/L 的扑海因溶液喷花，或贮藏前向花球喷洒 3 000mg/kg 苯来特、多菌灵或甲基托布津药液，晾干后贮藏，也可在花椰菜入贮前用100mg/L的次氯酸钙处理，有利减少贮藏中的霉烂。

（二）有机花椰菜的贮藏方法

1. 假植贮藏

把未长成花球的植株假植在温度条件适宜的地方，原有植株叶、茎、根中的养分向花球器官运输，使花球逐渐长大，最终长成符合收获标准的花球。这种做法称为假植贮藏。适宜假植贮藏的植株：一种是在大棚内，花椰菜由于栽培较晚，一部分长成符合标准的花球可收获，另一部分未能长成符合收获标准的花球；另一种是使用比较晚熟的品种，多数植株因棚内温度低，不能继续生长，花球只能长成鸡蛋或拳头大小。

（1）棚内假植。

① 挖沟。于棚内挖宽1.5~2m、深40~60cm的长方形沟，沟的长度依存放花椰菜的多少确定。沟壁要平整，不能凹凸不平，以免擦伤菜体。

② 整理。当棚内出现轻霜时，把花椰菜的植株带土坨连根刨起，搬运过程中要轻拿轻放；注意保护健壮的叶片，避免其受到伤损，去掉黄叶、老叶和病叶。

③ 假植。将花椰菜一株一株地密排在沟内，用土埋住根部。如果土壤湿润，可不浇水或少浇水；若土壤干燥，可稍浇水，以保持土壤一定的湿度。假植初期，沟上白天应盖草帘防晒和增温。随着温度的下降，夜间要盖帘，白天揭帘。使沟内温度保持在5~8℃，不能低于0℃。经过30~40天假植，原来的小花球可长成大花球。如果原来植株上的花球较大，而且健壮外叶较多，温度较高时，由小花球长成大花球所需的时间会缩短。

（2）温室或改良畦假植。

① 挖沟。在温室内挖宽约20cm、深25cm的浅沟，沟壁要

平整，将沟壁的石块、瓦砾等去掉，以防擦伤菜体。

②整理。将移植的花椰菜的黄叶、病叶摘掉，捆好保留的绿叶，连根带土坨起出。土坨的大小与浅沟的深浅、宽窄要一致。

③假植。将花椰菜一株二株地紧密摆在沟中，用土埋住根部。土壤较干时，可浇1次水，但浇水后不能积水。如果缺肥时，可随水追施少量化肥，浇水后及时进行通风排湿。室内夜温低于5℃时，应加盖草帘，保持夜间温度为5~8℃。花球长大以后便可收获。

2. 窖藏

利用自然调温的办法，尽量维持花椰菜所要求的贮藏温度。建窖时，先在地面挖1个坑，窖顶铺设木料、秸秆，并盖土，开设1~2个窖口（天窗），供出入和通风之用。花椰菜入窖前，应对菜窖进行消毒灭菌（可用0.5%的漂白粉液喷洒），而后将挑选并整理好的花椰菜带2~3层叶片捆在一起，保留花椰菜根长3~4cm，而后装筐，码垛在菜架上，也可用薄膜覆盖，但不要封闭，每天轮流揭开一侧的薄膜通风。

花椰菜贮藏适温为1~2℃，相对湿度为90%~95%。如果室温高于8℃时，应及时打开通风孔保持适温，否则花球容易变黄、变暗，会出现褐斑，甚至腐烂、抽薹、萎缩。如果室温低于0℃时，容易发生冻害，使花球呈暗青色或出现水渍状斑，导致品质下降。这时，应加强保温工作，关好门窗，堵严通风孔。如在贮藏过程中湿度过低或通风的风速过快，则花球会失水萎薄。花椰菜在贮藏过程中有明显的乙烯释放，这是花球变质衰老的主要原因。

冬季窖藏的温度管理大致可分为3个阶段：第一阶段为入窖初期，此时窖内温度较高，湿度较大，应加强通风换气，以降低窖内的温度和湿度。第二阶段是进入寒冷季节以后，窖温显著下降，此时应减少通风，以保温为主，防止发生冻害。第三阶段是立春以后，气温、窖温逐渐回升，此时要尽量减缓窖温回升的速度，白天封闭气孔和天窗，防止外界热空气进入；夜间打开通气孔和天窗，放入冷空气。

3. 气调贮藏法

气调贮藏环境：温度 0~1℃，湿度 90%~95%，氧气浓度 2%~3%，二氧化碳浓度 3%~4%。管理上主要是封闭和调气两个方面。把经过加工好的花椰菜码放在货架上（架长 4m，架宽 1.5m，高 1.5 m）。货架使用前要用 0.5% 的漂白粉仔细擦洗干净。货架分 4 层，顶部每层放 1 层花椰菜。货架最上层留点空间，放 20：1 的高锰酸钾载体，以吸收花椰菜释放的乙烯，提高保鲜效果。高锰酸钾载体放好后，货架罩上 0.07~0.1mm 厚的聚乙烯薄膜帐。货架底部垫同样厚的聚乙烯薄膜。然后，把帐和架底两方面的薄膜合在一起，使帐密封。其后，测定氧气和二氧化碳的浓度，一般每两天测定 1 次。若二氧化碳浓度在 5% 以上时，应在帐底部的薄膜上撒些消石灰，以吸收过多的二氧化碳。帐内氧的浓度应保持在 2%~3%。为了避免氧气浓度上升，提高花椰菜的保鲜效果，应尽量减少开帐的次数。同时，注意温度要恒定，尽量使气调帐内不出现或少出现凝结水。如果帐内有水珠，应及时用布擦干，防止水珠落到花椰菜上而引起花球霉烂。

4. 纱布围藏

把经过挑选的花椰菜根朝下、顶朝上，分层堆放在竹架上；用福尔马林 300 倍液将白纱布或白布进行消毒，将白纱布或白布覆盖在贮藏架四周，就可达到贮藏要求。白布应每天或隔 1 天消毒 1 次，要求将布全部放入消毒溶液中浸 5 分钟左右，然后沥干到不滴水为标准。此法既可增加贮藏环境中的湿度，减少花球水分的蒸发，又可防止霉菌侵入，减少花球腐烂变质。

5. 挂藏

把花椰菜连根拔起，适当留一些外叶，沿着花球叶梢处，用稻草围好扎紧，倒挂在屋檐下即可，但要防止阳光直接照射。此法适合于菜农自家少量贮藏。

6. 保鲜膜单花球套袋贮藏法

花椰菜贮藏前，用克霉灵等药物做熏蒸处理，每10kg花椰菜用1~2ml药剂。具体做法是：将选好的花椰菜放入密闭容器，用碗、碟等盛一定量的药剂或用棉球、布条等蘸取药液放在花椰菜空隙处，密闭24h。熏蒸处理后的花椰菜，每个花球单独装1个保鲜袋，折口，放入筐（箱）中，在0~2℃下贮藏。贮藏温度不能低于0℃或长期高于5℃。有条件的，最好用通风库或冷库贮藏。

7. 控温贮藏法（机械冷藏）

控温贮藏法是在冷藏库中利用机械制冷系统的作用，将库内的热量传送到库外，使库内的湿度降低并控制在适宜的水平，以延长花椰菜的贮藏期。此法的优点是不受外界气温的影响，可以长年维持库内所需要的低温；冷库内的温度、相对湿度以及空气的流通都可以调节，使之适于贮藏花椰菜的要求。其缺点是费用较高。使用控温贮藏，将贮存温度控制在0~2℃，可较长时间地对外供应花椰菜。蔬菜出口主要是采用控温贮藏法进行贮藏保鲜。

二、有机花椰菜的采收与采后处理

花椰菜商品花球的花器官只分化到花序阶段，以后遇适宜的气候条件，再经30~50天才能抽薹开花。花椰菜抽薹开花和授粉、受精的适宜温度为15~19℃，13℃以下或21~25℃以上均不易结籽。雨多、湿度大时昆虫活动少，影响传粉和结籽，且易引起花球腐烂。采种时，需将种株的开花结籽期安排在温度适宜的月份内，以便得到良好的效果。

采种方法多种，以半成株采种应用较多，种子纯度也比较高。由于春秋两季适用的花椰菜品种特性不同，种株的播种期也有差别。

1. 春花椰菜采种技术

8月下旬至9月上中旬育苗，播种过早，容易在年前现花蕾，降低耐寒力而不利越冬；迟播，开花期遇高温多雨，影响种子产量。10月中下旬定植于改良阳畦、阳畦或温室内，栽植密度为（35~40）cm×（30~33）cm，栽后浇水，5~6天后再浇一水，中耕松土，过冬时浇越冬水。也可在浇第二次水后，畦面铺地膜保墒，减少以后浇水次数和降低室内湿度。

11月上中旬覆膜，初期可经常通风，以后夜间加草席保温并减少通风量。进入1月天气严寒，可盖双层草席保温。1月底至2月上旬出现花球后注意防冻，保持室内白天8~10℃，夜间2~4℃。2月中下旬起可逐渐通风，并缩短盖草席时间。

花椰菜的开花结籽主要依靠种株的老叶制造养分，各级花枝不长小叶。因此，越冬期间应尽量保护种株叶片健壮生长而不脱落，这是提高花椰菜采种量的主要措施。管理过程防湿度过大和高温引起徒长而落叶，或温度忽高忽低，使叶片受冻。

花球形成后进行一次选择，拔去过早或过晚现花球、毛球和紫花球等异常株。花球成熟后，选节间短、茎直立、叶片少、叶柄较短、花球大而厚的植株作母株。

花椰菜的花球由五级分枝组成，小分枝很多，花球散开后，选晴天割去花球中间 1/3~1/2 的花枝，适当疏除边缘过密的花枝，每株留 4~6 个花枝，集中养分抽薹开花。割口涂抹草木灰或 500 倍代森锌液防腐。3月中旬至4月初抽薹，据北京观察，

4—5 月盛花期时改良阳畦内的温度处 17~20℃，正符合花椰菜开花和授粉的要求，结籽量多。花枝伸长后浇水追肥，以后一周左右浇一水，直到黄荚。盛花期和谢花后各追 1 次肥、或者 1 次清水，1 次肥水交替浇施。结荚期可喷 0.2%~0.5% 磷酸二氢钾和硼酸液，每周喷 1 次，共喷 2~3 次，以提高采种量和促进种子饱满。抽薹后给种株支 30~40 cm 高架，扶住花枝，利通风透光和防止种株倒伏。随时打去基部老叶。华北北部、东北和西北等地，春、夏季温和少雨，6—8 月平均气温不超过 24℃，春季栽培的花椰菜，结花球后当年可以采种。1 月下旬至 2 月上中旬温室播种育苗，4 月初前后定植于大棚内、阳畦或露地。形成花球后去杂去劣，7 月上中旬抽薹开花后及时浇水追肥，疏去过密花枝，每株留 3~5 个花枝，结实后期摘除顶部花，促种子成熟和饱满，9 月中旬左右采收种子。

2. 秋花椰菜采种技术

10 月中下旬温室播种或 10 月上旬改良阳畦育苗。播种过早，年前容易现蕾，开花时传粉昆虫少而影响种子产量。10 月底至 11 月初分苗，12 月上旬定植于改良阳畦或温室内。越冬和越冬后的管理与春花椰菜采种大致相同。

3. 花椰菜一代杂种制种技术

不论是利用自交不亲和系方法制种还是利用品种间杂交制种，都要注意以下几点。

（1）亲本原种要纯。如果利用，自交不亲和系制种，亲本原种采用人工蕾期授粉的方法繁殖。

（2）双亲比例要协调。一般采用父母本 1：1 的行比隔行定植。

（3）要使两亲的花期一致。如果两亲花期相差过大，可采用错开播种期的方法调节花期，花期早的亲本晚播种，花期晚的亲本早播种。

其他田间管理同一般常规品种的采种技术。

4.保鲜花部菜

保鲜花椰菜生产工艺流程如下：原料收购→运输→剥皮→整理→分级→包装→计量→入库。

（1）原料收购。原料收购标准是：具有品种固有的形状，品质新鲜，色泽洁白；无腐败，无变质，无病虫害，无机械伤（允许有轻微机械伤）；花蕾细密洁白，蕾枝白色粗短，有明显光泽；口感脆嫩，无粗纤维感；球体端正，结球紧实，无裂球，无冻伤，无伤残，无裂口；外叶适当切除。单个重0.5kg以上。到菜田收购时，可先用包装纸包住球体，而后留7~8片叶护住花球。

（2）运输。单个球体轻拿轻放，放于塑料周转箱中，长途运输前应进行预冷。运输过程中适宜的温度为1~4℃，相对湿度为85%~90%。在运输过程中，注意防冻、防雨淋、防晒、通风散热。

（3）剥皮。剥去花球外部散叶、老叶和黄叶，并将外部附着的泥土、草秸等去掉。

（4）整理。保留根基约1cm，切掉多余根部，并将根部泥土等擦净。每个花椰菜留5~6片叶，用刀将多余叶片切去，留叶的基部8~10cm。

（5）分级。按照花椰菜花球直径分为以下等级，S级：花球直径9~11cm；M级：花球直径11~13cm；L级：花球直径13~15cm；2L级：花球直径15~17cm。也有的商家是如下分级，S级：花球直径8.5~10.5cm；M级：花球直径10.5~12.5cm；L级：花球直径12.5~14.5cm；2L级：花球直径14.5~16.5cm。

（6）包装。将用包装纸包好的单个花椰菜平放于出口包装中。目前，出口花椰菜的包装有两种：①标准纸箱：长（内径）500mm，宽（内径）350mm，高（内径）170mm。②用柳条筐装的，每筐净重25kg。

（7）计量。用电子秤进行计量。

（8）入库。贮存时应按品种、规格分别贮存。贮存温度应保持在1~4℃，空气相对湿度保持在90%~95%。库内堆码应保证气流均匀流通。

5.脱水花椰菜

脱水花椰菜的加工工艺流程如下：脱水花椰菜的加工工艺流程如下：选料→整理和清洗→烫漂 护色→脱水→成品挑选→包装。

（1）选料。供脱水加工的花椰菜花球要大，直径不小于9cm；结构紧密、坚实，肉色洁白而鲜嫩；花球厚，花枝短，球面无茸毛及粉质。原料进入后应堆放在阴凉处，注意防止重压而引起碰伤、压坏。堆放时间不得超过1天。

（2）整理和清洗。首先除去花球的外叶和基部，而后将花球切分成一个小花球。要求小花球大小基本均匀，直径为1cm，带柄1.5cm。

（3）烫漂护色。将小花球放入20mg/kg的柠檬酸溶液中浸15min，液温为25~40℃，浸后沥干，再放入沸水（清水）中烫漂3~4min，取出迅速入冷水中冷却，以冷透为度。冷却后的花椰菜于20mg/kg的柠檬酸溶液中浸2min。

（4）脱水。将处理后的花椰菜均匀地摊入烘筛中，立即入烘房。烘房温度保持在55~60℃，烘到产品含水量为6%时出烘房。

（5）成品挑选。挑出花椰菜中的杂质及变色的花椰菜干，操作要快，挑选结束后尽快包装，以防止吸潮。

（6）包装。采用听装包装，成品含水量不得超过7.5%，每听装10kg，箱内衬牛皮纸，一箱装两听，装好后用焊锡密封，不得有漏气。听外涂上防锈油，然后装入纸板箱。产品呈黄白色或青白色。

6.速冻花椰菜

速冻花椰菜的加工工艺流程如下：选料→切分→清洗→漂烫→速冻→包装。

（1）选料。原料要求花球洁白，大花，品质新鲜，无病虫害，无腐败、变质，无机械伤或允许有轻微机械伤；花形周整，花蕾细密洁白，蕾枝白色粗短，有明显光泽，口感脆嫩，无粗纤维感；球体端正，结球紧实，无裂球，无冻伤、无伤残、裂口。

（2）切分。加工时，首先将花球洗净，先切去外叶和叶柄，再切分成适当大小的块。

（3）清洗。将切分好的花块进行清洗，重点洗去花块所沾的泥土、沙砾、异物等，冲洗2~3次。

（4）漂烫。清洗干净后，放入100℃沸水中漂烫1~2min。为了防止花椰菜变色，一般用蒸汽漂烫代替热水漂烫。蒸汽漂烫一般需4~5min。为了保持花球的洁白颜色，可在热水中加入0.1%的柠檬酸。

（5）速冻。将花椰菜从热水中捞出，快速冷却至10℃以下，于振动沥水机上沥水，送入单冻机内冻结。

（6）包装。冻结后按照客户要求包装。

第六章

有机花椰菜生产过程中的病虫害防治

一、花椰菜病虫害防治原则

花椰菜病虫害防治原则是"预防为主，综合防治"的植保方针，坚持"农业防治，物理防治，生物防治为主，化学防治为辅"的原则。花椰菜非侵染性病害（亦称生理病害）是由不良环境条件引起的，处置的原则是消除不良环境条件，或增强花椰菜对不良环境条件的抵抗能力。对于侵染性病害及虫害，要贯彻"预防为主，综合防治"的植保方针，通过选用抗性品种，培育壮苗，加强栽培管理，科学施肥，改善和优化菜田生态系统，创造一个有利于花椰菜生长发育的环境条件；优先采用农业防治、物理防治、生物防治，保护和利用自然天敌，发挥生物因子的控制潜能；配合科学合理地使用化学防治，选用低毒、低残留农药防治病虫害，不使用国家明令禁止的高毒、高残留、高生物富集性、高三致（致畸、致癌、致突变）农药及其混配农药。将花椰菜有害生物的灾害控制在允许的经济阈值以下，同时农药残留不超标，达到生产安全、优质的花椰菜产品的目的。

针对当前花椰菜病虫害防治栽培技术中存在的问题，当前想要做好花椰菜病虫害防治栽培工作，就需要采取必要的措施，主要从以下 3 个方面入手。

1. 农业防治

农业防治概括起来将就是指在进行花椰菜病虫害防治栽培的过程中要尽可能地做到因地制宜、悉心栽培。首先，要因地制宜地选择适合当地地理条件的花椰菜品种进行种植，这主要是因为不同的花椰菜品种其对气候等自然条件的要求是不同的，这与南橘北枳的道理是一样的，选择适宜当地的花椰菜品种进行栽培，才更容易获得高产高质的花椰菜。除此之外，在选中的时候还要尽可能选种那些抗逆性、抗虫性比较好的品种，这可以在很大程度上减少后期农药的使用。其次，在进行花椰菜病虫害防治栽培的过程中还要注意要做好花椰菜栽培过程中的每个过程的工作，例如在种植之初就要做好苗床的消毒工作和种子的处理工作，在花椰菜生长的过程中要控制好其生长所需要的水分和养分等，只有如此才能在病源上减少花椰菜的病虫害。

2. 物理防治

物理防治是指主要采用一些物理措施来进行花椰菜的病虫害防治。例如，针对花椰菜的虫害问题，可以为花椰菜设置防虫网也可以采用灯光、声音、颜色等来驱走害虫。针对花椰菜的病害问题，则可以采用对种子进行高温处理或者对土壤进行高温灭菌等方法，消灭病虫害。

3. 生物防治

生物防治是指利用益生物、生物提取物或者仿生的方法来进行病虫害的防治的手段。当前可以采用的生物防治方法主要有引入昆虫天敌、使用生物制剂、利用微生物防治等。引入生物天敌主要是指利用赤眼蜂等对青菜虫、小菜蛾等进行捕食。生物制剂是指龙勇弄抗生素 120 等农用抗生素来预防各种细菌性病害等。微生物防治主要是指利用细菌杀虫剂来防治病虫害。

4.化学防治

使用化学农药应该追求把控制住病虫害，又尽量不让化学农药残留在花椰菜上。

二、花椰菜主要病害及防治

（一）黑腐病

1.发病症状

花椰菜黑腐病主要为害叶片和花球，幼苗期受害，子叶出现水浸状，逐渐变褐、枯萎并蔓延至真叶，叶脉呈长短不齐的小条斑。成熟期发病重，主要为害花椰菜叶片，多从叶缘向内扩散，形成"V"形黄褐色病斑，后叶脉变黑，叶缘出现黑色腐烂，边缘产生黄色晕圈，并向茎部和根部扩散，使茎部、根部维管束变黑，花球呈灰黑色干腐状，严重时菜株枯死。

2.病原菌传播途径和发病条件

花椰菜黑腐病属细菌性病害，由黄单胞杆菌属甘蓝黑腐黄单胞菌、甘蓝黑腐致病变种侵入引起，在花椰菜的全生育期均可发病。病菌随种子、种株或随未分解的病残体遗留在土壤中越冬。土壤中的病菌通过昆虫、雨水和人为传播。从幼苗子叶或真叶叶缘的水孔侵入，引致发病。播种带病的种子，病菌从幼苗子叶边缘气孔侵入而引起幼苗发病。成株期病菌通过叶缘水孔或伤口侵入，先侵染少数薄壁细胞，然后进入维管束组织。

3.综合防治技术

（1）农业防治措施。

品种选择：花椰菜品种之间的抗病性存在差异。选择抗病品种是防治花椰菜黑腐病关键措施之一。

种子消毒：选择无病害的种子，并用50℃温水浸种20min，或用45%代森铵200倍液浸种15min，洗净晒干后播种。

苗床土消毒：每平方米苗床用40％福美双可湿性粉剂8~10g，与适量细干土拌匀，先将1/3撒在畦面上，留下2/3播种时用来覆盖种子。

土壤消毒：种植前每亩用45％代森铵0.8~1kg拌细土沟施或穴施，或每亩用石灰粉50~80kg撒施，进行土壤消毒。

轮作换茬：重病地与非十字花科作物进行2~3年的轮作，有条件的地方可进行水旱轮作。

防治传病害虫：及时防治小菜蛾、菜青虫、甜菜夜蛾、蚜虫、地蛆等害虫，以免传播病害。

加强管理：适时播种，雨后及时排水，防止土壤过涝、过旱；加强田间管理，合理施肥，促进植株健壮生长，以提高抗病能力。

清洁田园：花椰菜收获后，及时清除残根败叶，并带出田外深埋或烧毁；深翻土壤，整地晒田，减少菌源。

（2）药剂防治措施。发病初期用72％农用硫酸链霉素可湿性粉剂3 000~4 000倍液，或新植霉素200×10^6或70％可杀得可湿性粉剂1 500~1 800倍液，以上药剂交替使用，7~10天喷1次，连防2~3次。此外，在发病前和发病初期喷施1 000~1 200倍液的植物动力剂2003，可减轻病害的危害程度。

（二）霜霉病

1．症状

霜霉病是为害十字花科多种蔬菜，发病比较多而严重的病害。可为害子叶、真叶、花及种子。发病初期在植株下部出现水浸状淡黄色边缘不明显病斑，持续较长时间后病部在湿度大或有露水时长出白霉，形成多角形病斑。叶面出现淡绿色斑点，后变为褐色枯死斑，病斑受叶脉限制呈多角形或不规则形。

2．侵染途径及发病条件

病菌在植株病残体上及土壤中越冬。种子也可带菌成为来年初浸染源。次年分生孢子随气流传播在多种寄主上进行再侵染。当平均温度 16℃，相对湿度高于 70%，连续阴天，该病就有可能迅速蔓延。植株在幼苗期相对较抗病，在莲座期至结球期容易发病。如果当年前期干旱发生病毒病，播种早、蹲苗时间长，植株衰弱，又遇忽晴忽雨，闷热高温天气，即易发病。

3．防治方法

（1）选用抗病品种。

（2）适期播种。

（3）与非十字花科作物进行二年以上轮作。土壤深翻晒土，当年栽培结束后，认真清理病残叶，搞好田间卫生。

（4）合理密植，加强肥水管理，促使植株生长健壮。控制田间湿度。

（5）化学防治。用种子重量的 25% 甲霜灵可湿性粉剂拌种。用 40% 乙膦铝锰锌可湿性粉剂 500~600 倍液或 50% 甲霜灵可湿性粉剂 800~1 000 倍液或 64% 杀毒矾可湿性粉剂 1 500 倍液，或 72.2% 普力克水剂 600~800 倍液或 75% 百菌清可湿性粉剂喷雾。交替轮换使用。

4．发病症状

该病主要发生在苗期、成株期叶片上。幼苗受害叶片背面出现白毛霜霉状物，正面症状不明显，严重时叶片、幼茎变黄枯死。成株期最初叶片正面出现淡绿色或黄绿色水渍状斑点，后扩大成淡黄或灰褐色，潮湿时病斑背面长有白色霜霉状物即病菌的孢囊梗和孢子囊。

5．病原菌传播途径和发病条件

霜霉病为鞭毛菌亚门霜霉属真菌引起的病害。病菌以卵孢子随病残体遗留在土壤中越冬，或以菌丝体在田间病株留种株内越冬。条件适宜时，卵孢子萌发形成芽管侵染花椰菜幼苗，引起初侵染并形成孢子囊借风雨传播行再次侵染菌丝体发育最适温度 20~24℃，孢子囊形成和萌发的最适温度为 15~16℃，病菌侵入适温为 16℃。当气温 15~24℃、多雨、大雾或田间积水、湿度大时，均利于霜霉病的发生。

6. 综合防治技术

（1）农业防治。

① 品种选择。花椰菜品种之间抗病性有差异，选择抗病品种是防治花椰菜黑斑病关键措施之一。

② 种子消毒。尽量在无病种株上选留种子，以减少种子携带病菌，播种前应进行种子消毒。常用的消毒方法有 2 种。一种是温汤浸种法，用 50L 的温水浸种 20min 并不断搅拌，取出立即移入冷水中冷却，晾干后播种。另外一种方法是药剂拌种法，可用种子量 4% 的 50% 福美双可湿性粉剂拌种，或用 45% 代森铵 200 倍液浸种 15min，洗净晾干后播种。

③ 合理轮作。与非十字花科蔬菜品种实行 2~3 年轮作，有条件的地方可进行水、旱轮作，防治效果更好。

④ 深耕晒垡，土壤消毒。前茬收后及时清除残茬枯叶及杂草，提前深翻晒垡。做好土壤消毒，施生石灰 1 500~2 250kg/hm² 与耕作层混匀，以消灭病菌，增加土壤钙质。合理整畦，采用深沟高畦栽培，做到畦直沟深（25cm），畦面中间高两边低，畦长适宜，畦宽（带沟）1.5m。

⑤ 平衡施肥，科学管理，及时拔除病株。多施经过充分腐熟的优质农家肥，适量增施磷、钾肥，合理配施锌、硼等微量元素，控制氮肥用量，使植株稳健生长，提高花椰菜自身抗病力。生长前期田间以湿润为主，中后期见干见湿，提倡沟灌跑马水，

切忌水淹畦面。及时连根拔出重病株并集中烧毁，病穴浇施 2% 福尔马林液或 20% 石灰水，以消灭或减少菌源。

（2）药剂防治。用 53% 金雷多米尔锰锌可湿性粉剂 1 000 倍液，或 58% 甲霜灵锰锌可湿性粉剂 800 倍液，或 72% 霜霉疫净可湿性粉剂 800 倍液，或 40% 乙膦铝可湿性粉剂 600 倍液，或 72% 克露可湿性粉剂 800 倍液喷雾防治。

（三）黑斑病

1. 发病症状

花椰菜黑斑病有两种：细菌性黑斑病和真菌性黑斑病。目前生产中经常发生的大多是真菌性黑斑病，又称黑霉病，其主要为害叶片、叶柄、花梗和种荚。该病大多发生在外叶上，温度高时病斑迅速扩大为灰褐色圆形病斑，直径 5~30mm，轮纹不明显。发病严重时，叶片上可达数十个病斑，密布叶而，叶片病斑多时，病斑汇合成大斑，或致叶片变黄早枯。茎、叶柄染病，病斑呈纵条形。受害叶片、茎、叶柄，在潮湿情况下均长出黑色霉状物。抽薹花梗、种荚染病现出黑褐色长梭形条状斑，种荚结实少或种荚瘦小，籽粒干秕。

花椰菜细菌性黑斑病，其主要为害叶片、叶柄、花梗，多从外围老叶开始发病，逐步向内叶发展，心叶基本不发病。叶片上病斑大小不等，近圆形或不规则形，边缘色深而中间色稍浅，病斑周围组织褪绿发黄。发病严重时病斑连接成块，致使局部或整片叶褐变，湿度大时病部呈水渍状腐烂，干燥后变白、干枯。

2. 病原菌传播途径和发病条件

真菌性黑斑病属半知菌亚门真菌，它以菌丝体或分生孢子在土壤中、病残体上、留种株上或分生孢子黏附在种子表面越冬，或菌丝体在种子内部越冬，成为田间发病的初侵染源。越冬的分生孢子或菌丝体产生的分生孢子借风雨、气流传播，萌发时产生芽管从寄主气孔或表皮直接侵入，环境条件适合时，在病斑上产生分生孢子，进行再侵染，使病害蔓延。

花椰菜细菌性黑斑病的病原菌腐生性强，可在病残体上或土壤中越冬，条件适宜时侵染花椰菜，发病后病部产生的分生孢子在田间借风雨传播进行多次再侵染。病菌从伤门、气孔侵入，发育适温 30%~35%，生长后期如遇高温、阴雨天气或田间湿度大，则扩展迅速。肥水不足、生长衰弱、管理不善的田块发病重。

3. 综合防治技术

（1）农业防治。

① 品种选择。花椰菜品种之间抗病性有差异，选择抗病品种是防治花椰菜黑斑病关键措施之一。

② 种子消毒。尽量在无病种株上选留种子，以减少种子携带病菌，播种前应进行种子消毒。常用的消毒方法有 2 种。一种方法是温汤浸种法，用 50℃的温水浸种 20min，同时断搅拌，取出立即移入冷水中冷却，晾干后播种。另外一种方法是药剂拌种法，可用种了量 0.4% 的 50% 福美双可湿性粉剂拌种，或用 45% 代森铵 200 倍液浸种 15min，洗净晾干后播种。

③ 土壤消毒。选择通风、向阳、排灌方便的前三年未种过十字花科蔬菜的地块，在种植前每亩用福美双或代森铵 0.8~1kg 拌细土沟施，或每亩用 50% 多菌灵可湿性粉剂 0.5kg 与 50% 福美双可湿性粉剂，每亩用石灰粉 60~80kg 撒施，进行土壤消毒。

④ 合理轮作。与非十字花科蔬菜品种实行 2~3 年轮作，有条件的地方可进行水旱轮作，防治效果更好。

⑤ 科学施肥。在植株生长期应掌握少施氮肥，适量增施有机肥和磷、钾肥，视植株生长情况，适当补充砸肥和钼肥的施肥原则，促使植株生长健壮，增强植株抗病能力。

⑥ 清洁田园。种植期间要保持田园整洁，清除杂草，及时摘除病叶、老叶，收获后彻底清理病残株，深翻、曝晒土地，减少侵染源。

（2）药剂防治。

① 细菌性黑腐病。发病初期用72%农用硫酸链霉素可湿性粉剂3 000~4 000倍液，或新植霉素4 000或70%可杀得可湿性粉剂1 500~1 800倍液。以上药剂交替使用，7~10天喷一次，连喷2~3次。

② 真菌性黑腐病。用70%代森锰锌可湿性粉剂500倍液或80%代森锌可湿性粉剂500倍液，每隔7~10天叶而喷洒一次。

（四）病毒病

1. 症状

十字花科多种蔬菜各生育期均可染病。幼苗期发病叶脉透明，叶出现斑驳或花叶、叶片扭曲。成株期病叶凹凸不平，出现花叶皱缩，叶脉和叶柄上有褐色坏死斑和条斑、植株矮化、畸形，称作"孤丁"，不能结球或勉强结球也不紧实。

2. 侵染途径及发病条件

病毒可在越冬植株及杂草上越冬。来年由蚜虫传播到春夏多种蔬菜上为害。夏秋由蚜虫传播到大白菜为害。高温干旱对幼苗生长不利，而有利于蚜虫繁殖和传播，故发病重。大白菜播种过早，蚜虫群集在幼苗上，再加上管理粗放、土壤干燥缺水、缺肥容易发病。病毒病与霜霉病的发病有一致性，即病毒病发病严重，霜霉病也重。反之，病毒病轻、霜霉病也轻。这两种病的发生与气候、管理水平有很大关系。

3. 防治方法

（1）选用抗病品种。

（2）适期播种。不宜过早，避开高温及蚜虫猖獗季节。适时蹲苗，蹲苗期不可长。加强植株管理，特别是前期掌握轻、勤浇水，降低地温。

（3）苗期防蚜至关重要。田间设黄板诱杀。用 50% 抗蚜威可湿性粉剂 2 000~3 000 倍液，或 20 氰戊菊酯乳油 2 000~3 000 倍液，或 2.5% 溴氰菊酯乳油 2 000~3 000 倍液，或 10% 吡虫啉可湿性粉剂 1 500 倍液喷洒治蚜。

（4）药剂防治。发病初期喷洒 20% 病毒 A 可湿性粉剂 600 倍液，或 1.5% 植病灵乳剂 1 000~1 500 倍液、或抗毒剂 1 号水剂 250~300 倍液喷洒，连续喷 2~3 次。

（五）猝倒病

（1）发病症状。种子发芽后出土前发病，形成烂种。出土后发病于近地表处，幼苗变软，表皮易脱落，病部溢缩，迅速扩展绕茎一周，菜苗倒伏，造成成片死苗。

（2）病原。瓜果腐霉，属鞭毛菌亚门真菌。此外，甘蓝链格1泡也是该病病原。

（3）传播途径和发病条件。病菌主要通过风、雨和流水传播。病菌能在土壤里营腐生生活，其卵孢子或菌丝体在病残体或土壤中越冬，能存活 2~3 年，土温 15~20℃ 时繁殖较快，30℃以上生长受抑制。在苗床低温、阴雨或温暖多湿、播种过密、浇水过多等情况下，产生孢子囊和游动孢子，从根部、茎基部侵染。

（4）防治方法。

① 药剂拌种。用种子重量 0.3% 的 65% 代森锌可湿性粉剂拌种，或苗床消毒。

② 加强苗期管理。播种要均匀，幼苗出土后逐渐覆土，避免低温、高湿条件的出现。幼苗长到 2~3 片真叶时分苗，最好用育苗钵分苗。分苗后适当控水，并分次覆土。

③药剂防治。可使用 70% 敌克松可湿性粉剂 1 000 倍液，或 75% 百菌清可湿性粉剂 1 000 倍液，或 50% 福美双可湿性粉剂 500 倍液喷雾，或每平方米用 70% 五氯硝基苯可湿性粉剂和 65% 代森锌可湿性粉剂各 25g 加水 1.5L，喷洒病苗周围的土壤，以控制蔓延。苗床内施药后湿度增加，可撒少量干土或草木灰，以降低床土湿度。

（六）立枯病

（1）发病症状。此病多在苗期发生，定植后亦可发病，主要侵染根茎部和叶片。最初在茎基部产生水浸状浅褐色坏死小点，以后扩展成椭圆形或不规则形凹陷坏死斑，逐渐绕茎一周，使幼苗或植株萎蔫枯死。下部叶片染病，多从叶柄基部开始侵染，呈浅褐色，最后致全株坏死瘫倒。空气潮湿时，病部表面产生灰褐色蛛丝状菌丝。

（2）病原。立枯丝核菌，属半知菌亚门真菌。

（3）传播途径和发病条件。病菌主要以菌丝和菌核在土壤或病残体中越冬。在无寄主的条件下，最长可存活 140 天以上。病菌可产生担孢子，借气流和灌溉水传播。田间主要以叶片、根茎接触病土染病传播，潮湿时病健接触亦可传播。此外，种子、农具和带菌的肥料都可传播此病。菌核萌发需要 98% 以上的高湿条件，病菌侵入需要保持一定时间的饱和湿度或自由水。田间发病与寄主抗性有关，不利于植株生长的土壤湿度会加重植株的病情。土壤温度过高、过低，土质黏重、潮湿等均有利于病害发生。

（4）防治方法。

①适期播种，使幼苗避开雨季。施用充分腐熟的有机肥，增施过磷酸钙和钾肥。加强水肥管理，避免土壤过湿或过干，减少伤根，提高植株的抗病力。

② 进行种子处理。可用种子重量 0.3% 的 45% 噻菌灵悬浮剂黏附在种子表面后，再拌少量细土播种。也可将种子湿润后，用干种子重量 0.3% 的 75% 萎锈灵可湿性粉剂，或 40% 拌种双可湿性粉剂，或 70% 土高消可湿性粉剂拌种。

③ 发病初期使用药剂防治。可选用 30% 苯噻硫氰乳油 1 000 倍液，或 45% 噻菌灵悬浮剂 1 000 倍液，或 50% 异菌脲可湿性粉剂 1 000 倍液，或 98% 恶霉灵可湿性粉剂 3 000 倍液，或 69% 烯西先吗啉可湿性粉剂 3 000 倍液，或 72% 霜霉威水剂 600~800 倍液，或 64% 恶霜·锰锌可湿性粉剂 600 倍液喷洒茎基部，7~10 天一次，视病情防治 1~2 次。

（七）软腐病

（1）发病症状。发病始于生长中后期，特别是花球形成、增长期间。植株老叶发黄萎垂，叶柄基部出现黑色湿腐条斑，茎基部出现淡褐色病斑。中下部叶片在中午似失水萎蔫，初期早晚尚可恢复，反复数天后，萎蔫加重就不再能恢复。茎基部的病斑不断扩大，逐渐变软腐烂，腐烂部位逐渐向上扩展，致使部分或整个花球软腐，腐烂组织会发出恶臭味。

（2）病原。胡萝卜软腐欧文氏高胡萝卜、软腐致病型，属细菌。

（3）传播途径和发病条件。病原菌在田间病株、未腐烂的病残体以及害虫体内越冬，在土壤中存活时间较长。病菌通过灌溉水、耕作、带菌肥料及带菌昆虫（黄曲条跳甲、小菜蛾等）传播，由植株表面伤口侵入，也可从幼苗根部侵入。病原菌从春季到秋季在田间辗转危害。病害的发生与伤口多少有关，久旱逢雨、蹲苗过度、浇水过量都会造成伤口，从而引起发病。

（4）防治措施。

① 选用耐热抗病品种。青梗品种主要有庆农 65 天、庆农 70

天、庆农 85 天、农美 70 天，白梗品种主要有日本雪山。

② 轮作。重病地可与禾本科、豆类等不易染病的作物轮作，提倡水旱轮作，尽量不与十字花科等易染病的作物连作。

③ 加强田间管理。进行种子、苗床消毒，培育无病壮苗。选用疏松肥沃的土地，深沟高畦栽培。增施钙、铜、硼、钼肥，避免穴施伤根和施肥过度。平衡供应肥水，确保植株健壮。及时防治虫害，抢先防治黑腐病，防止黑腐病和软腐病并发，拔除病株，病穴用石灰消毒。

④ 药剂防治。应以预防为主，雨前、雨后及时喷药，现蕾前后重点防治，注重保护叶柄、根部和茎部。常用药剂有 72% 农用硫酸链霉素可溶性粉剂 3 000~4 000 倍液、95% 敌克松可湿性粉剂 600 倍液等，宜轮换施用。花椰菜软腐病若仅用喷雾防治，效果欠佳，特别是连作地、重病地，必须同时结合灌根，每株每次用药液 0.25~0.5kg，每隔 15 天一次，连灌 2~3 次，防效达 98% 以上，并可兼治霜霉病、黑腐病、黑斑病。

（八）灰霉病

（1）发病症状。在苗期、成株期均有发生。苗期发病时，幼苗呈水浸状腐烂，上生灰色霉层。成株染病多从距地面较近的叶片始发，初为水浸状，湿度大时，病部迅速扩部腐烂后，致使上部茎叶凋萎，且从下向上扩展，或从外叶延至内层叶，其土常产生黑色小菌核。贮藏期易染病，引起水浸状软腐，病部遍生灰霉，产生小的近圆形黑色菌核。

（2）病原。灰葡萄孢菌，属半知菌亚门真菌。

（3）传播途径和发病条件。主要以菌核随病残体在地上越冬，当环境适宜时，菌核萌发产生菌丝，菌丝上长出分生孢子，借气流或雨水传播。灰葡萄孢菌适应力强，在自然条件下，分生孢子经 138 天仍具有萌发能力，在温暖的南方可以安全越冬。该菌 5~30℃均可萌发，适温 13~29℃，空气相对湿度 90% 以上。当气温 20℃、空气相对湿度 90% 以上时，寄主处于染病阶段，此病易发生和流行。

（4）防治方法。

① 栽培管理。加强田间管理，严密监视棚内温湿度，及时降低棚内的湿度。

② 药剂防治。棚室或露地发病，应及时喷洒 50% 速克灵可湿性粉剂 2 000 倍液，或 50% 扑海因可湿性粉剂 1 000~1 500 倍液，或 50% 农利灵可湿性粉剂 1 000~1 500 倍液，或 40% 多菌灵·硫黄悬浮剂 600 倍液，每亩喷药液 50~60L，每隔 7~10 天防治一次，连续防治 2~3 次。发病初期也可用 10% 速克灵烟雾剂，每亩用 200~250g。

（九）黑胫病

（1）发病症状。苗期受害，子叶、真叶及幼茎上出现浅灰色不规则的病斑，病斑上散生很多小黑点。茎上病斑稍凹陷，边缘紫色，严重时主、侧根全部腐朽死亡，植株萎蔫。成株和种株受害，多在较老的叶片上形成圆形或不规则形病斑，中央灰白色，边缘淡褐色或黄色，病斑上生出许多黑色小粒。花梗及荚角上的病斑与茎上的相同。

（2）病原。黑胫茎点霉，属半知菌亚门真菌。

（3）传播途径和发病条件。病菌能在种皮内或采种株的病组织中越冬，也能在土壤、病残体和堆肥中越冬。菌丝体在荚角内能存活 3 年以上，在土壤中能存活 2~3 年，潮湿、多雨或雨后高温容易发生此病。昼夜平均气温为 24~25℃时潜伏期只有 5~6 天，在 17~18℃时需 9~10 天，9~10℃时需 23 天。种子在土壤中萌发时，种皮上的病菌即侵入子叶，然后侵入幼茎进行初侵染。

（4）防治方法。

① 因地制宜选用抗病品种。

② 加强田间管理。采用高畦种植，合理密植，注意排灌结合，防止田间过湿。施用充分腐熟的有机肥，施足底肥，增施磷、钾肥，培育壮苗。田间发现病株及时拔除，收获后清除田间病残体，减少菌源。

③ 种子处理。从无病株上采种或进行种子消毒，用50℃温水浸种20min，药剂拌种用50％福美双可湿性粉剂，用量为种子重量的0.4％。

④ 土壤处理。加强栽培管理，进行床土消毒，播种不可过密，浇水不可过多。保护地育苗时，气温不要超过23℃，及时分苗、定植，防止伤根，剔除病苗。

⑤ 喷药防治。在苗期或定植后发现少量病株时，开始喷药，常喷洒75％百菌清可湿性粉剂600倍液，或40％多菌灵·硫黄悬浮剂600倍液，或60％多福可湿性粉剂600倍液等，8~10天喷一次，喷1~2次。重点保护茎部和下部叶片。

（十）花椰菜根肿病

（1）发病病状。主要危害根部，使主根或侧根形成数目和大小不等的肿瘤。初期表面光滑，后期逐渐变粗糙并龟裂，因有其他杂菌混生而使肿瘤腐烂变臭。因根部受害，植株地上部亦有明显病症，主要特征是病株明显矮小，叶片由下而上逐渐发黄萎蔫，开始晚间还可恢复，逐渐发展成永久性萎蔫而使植株枯死。

（2）病原。芸薹根肿菌，属真菌。

（3）传播途径和发病条件。病菌在土壤中存活10~15年，通过灌溉水、昆虫、根结线虫和耕作在田间传播，远距离传播则主要靠病根或带菌泥土的转运。土壤偏酸性、气温18~25℃、土壤相对湿度 70%~90% 是发病的最适条件。休眠孢子囊萌发产生游动孢子，通过根毛侵入表皮细胞，病菌刺激寄主细胞分裂增快、增大而形成肿瘤。该病菌每季只侵染一次。

（4）防治方法。

① 轮作。与非十字花科蔬菜实行 3 年以上轮作，并铲除杂草，尤其是要铲除十字花科杂草。

② 适当增施石灰降低土壤酸度，一般每亩施 75~100kg。

③ 老菜地要彻底清除病残体，翻晒土壤，增施腐熟的有机肥。生长季节要勤巡视菜田，发现病株立即拔除烧毁，撒少量石灰消毒，以防病菌扩散。

④ 土壤消毒。用 40% 五氯硝基苯粉剂，每亩 2.5kg 拌细土100kg，结合整地条施或穴施。

⑤ 药剂防治。发病初期，可用 70% 五氯硝基苯可湿性粉剂800 倍液，或 70% 甲基托布津可湿性粉剂 500 倍液灌根，每株用药液 300ml。

（十一）花椰菜菌核病

（1）发病症状。主要危害茎基部、叶片及花球。当植株茎基部开始受害时，受害部的边缘先呈现不明显的水浸状褐色不规则病斑，然后慢慢软腐，生成白色或灰白色棉絮状高丝体，并形成黑色鼠粪状菌核，茎基部病斑环茎一周后，全株死亡。茎基部叶片或叶柄发病，而后蔓延至茎部，茎部病斑由褐色变成白色或灰白色，病茎皮层腐烂，干枯后病组织表面纤维破裂，呈乱麻状，茎内中空，长出白色菌丝并夹杂着黑色菌核，且往往伴随着软腐，发出恶臭味。

（2）病原。核盘菌，属真菌界子囊菌门。

（3）传播途径和发病条件。病菌以菌核在土壤、种子、病残体、堆肥中越冬或越夏。条件适宜时萌发产生子囊盘，盘中的

孢子成熟后弹射出，随风传播，侵染植株。菌核萌发的适温为5~20℃，15℃最适宜，空气相对湿度要求在70%以上。菌丝不耐干燥，空气相对湿度70%以下发病轻，低温高湿有利于该病害发生。

（4）防治方法。

① 种子处理。用10%盐水或10%~20%硫酸铵溶液漂除混杂在种子中的菌核，再用45%代森铵水剂300倍液，或0.1%强氯精，或200mg/L的农用硫酸链霉素溶液浸种20分钟，然后洗净晾干播种，减少初侵染源。

② 轮作换茬。与非十字花科作物实行2~3年轮作，最好实行水旱轮作。采用高畦种植，避免偏施氮肥，雨后及时排水，收获后清除病残体。

③ 防治传病害虫。及时防治黄曲条跳甲、小菜蛾、菜青虫、甜菜夜蛾、蚜虫等害虫，以免传播病毒，减少伤口。

④ 清洁田园。播种前深翻土地，整地晒田，减少菌源。生长期间及时摘除老叶、病叶及病株，带出田园处理，收获后及时清洁田园，减少田间菌源。

⑤ 采用电热温床育苗。播种前把床温调到55℃处理2小时，把高核杀死。

⑥ 药剂防治。可用40%菌核净可湿性粉剂1 000~1 500倍液，或50%速克灵可湿性粉剂1 500倍液，或50%扑海因可湿性粉剂1 000倍液，或53%金雷多米尔可湿性粉剂600~800倍液等喷雾，隔10天1次，连续防治2~3次。重点喷施植株的中下部与地表。

（十二）花椰菜白锈病

（1）发病症状。主要为害叶片，发病初期叶片背面出现乳白色稍隆起的小疱斑，近圆形或不规则形，后来疱斑明显隆起，表皮破裂，散出白色粉状物。叶片正面出现黄绿色边缘不明显的不规则病斑。

（2）病原。白锈菌或大孢白锈菌，均属鞭毛菌亚门真菌。

（3）传播途径和发病条件。病原菌随病残体在土壤中或种子上越冬。当气温10℃左右、空气相对湿度高于90%时，病原菌借风雨传播，引起发病。冬末气温偏高，早春气温回升缓慢或有寒流侵袭，气温为7~13℃时，利于孢子囊形成、萌发和侵入。

（4）防治方法。

① 种子处理。播种前用种子重量0.3%的25%甲霜灵可湿性粉剂拌种。

② 农业措施。实行轮作，选用抗病品种，施用充分腐熟的堆肥，适期早播。前在收获后清除病残体，及时深耕，平整土地，施足基肥。早间苗，晚定苗，适期蹲苗。

③ 药剂防治。出现中心病株后及时喷药，常用药剂有40%三乙磷酸铝可湿性粉剂150~200倍液、72%克露可湿性粉剂800倍液、72%霜脲锰锌800倍液、64%杀毒矾可湿性粉剂500倍液、58%甲霜灵·锰锌可湿性粉剂500倍液、69%安克锰锌可湿性粉剂1 000倍液等。每隔7~10天防治一次，连续防治2~3次，采收前7天停止用药。

（十三）花椰菜褐斑病

（1）发病症状。主要危害叶片，下部老叶易发病。最初产生淡黄色或淡褐色小斑点，扩展后呈圆形、近圆形，灰褐色，病斑周围有绿色晕圈。湿度大时，病斑上生有灰黑色霉状物。发病重时叶片上布满病斑，致使叶片枯黄而死。

（2）病原。芸薹链格孢，属半知菌亚门真菌。

（3）传播途径和发病条件。病菌以菌丝体、分生孢子在病残体上、留种株上或土壤中越冬，种子也可带菌。病菌借风雨传

播，在 15~30℃ 的范围均能生长，适温 17℃，要求高湿度。一般生长中后期，过连续阴雨时易发病。土壤贫瘠、肥力不足、植株衰弱时病情重。

（4）防治方法。

① 农业措施。选用抗病品种，如日本雪山、荷兰 48 等。使用无病种子，种子可用 50℃ 的温水浸种 20min。重病地与非十字花科蔬菜进行 2~3 年轮作。施足基肥，适时追肥，氮、磷、钾肥合理配合。雨后及时排水，防止田间湿气过重。清洁田园，翻晒土壤，减少高源。

② 药剂防治。可选用 70% 代森锰锌可湿性粉剂 500 倍液，或 50% 扑海因可湿性粉剂 1 500 倍液，或 80% 新万生可湿性粉剂 600 倍液，或 50% 利得可湿性粉剂 1 000 倍液，或 40% 大富丹可湿性粉剂 500 倍液等药剂防治，每 7 天喷一次，连续防治 2~3 次。

（十四）花椰菜白斑病

（1）发病症状。开始在叶上出现白色或黄白色圆形小病斑，以后逐渐扩大成圆形或近圆形，边缘绿色，中央灰白色或黄白色，病部稍凹陷变薄，易破裂。湿度大时病斑背面产生浅灰色霉状物，病斑直径 1~2cm。严重时，病斑汇合，致使叶片枯死。

（2）传播途径和发病条件。病菌借风雨传播，进行多次侵染。5~28℃ 均可发病，适温 11~23℃。空气相对湿度高于 62% 易发病，连续降雨可促使病害流行。

（3）防治方法。

① 农业措施。适期播种，与非十字花科蔬菜进行 2~3 年轮作，施足有机肥，增施磷、钾肥。适度浇水，雨后排水。及时清除病叶，收获后清除田间病残体，并深翻土壤。

② 种子消毒。用 50℃ 温水浸种 10min，或用种子重量 0.4%

的 50% 福美双可湿性粉剂拌种。

③ 药剂防治。发病初期喷施 50% 多菌灵可湿性粉剂 500 倍液，或 70% 甲基托布津可湿性粉剂 500 倍液，或 40% 灭病威可湿性粉剂 500 倍液，或 80% 喷克可湿性粉剂 600 倍液，或 70% 代森锰锌可湿性粉剂 500 倍液，或 50% 多霉威可湿性粉剂 1 000 倍液。

（十五）花椰菜黄萎病

（1）发病症状。植株下部外叶叶肉变黄，随后黄化现象发展至整个菜叶，直至整个植株黄萎。茎基部维管束变为黑褐色。

（2）传播途径和发病条件。病菌可在土壤中存活 6~8 年，甚至更长时间，可借助雨水、灌溉水、农具和未腐熟的有机肥传播。主要由根部伤口侵入，经薄壁细胞直达维管束进入导管，引起系统性侵染。

（3）防治方法。

① 农业措施。避免连作，重病地块应与非十字花科、茄科蔬菜进行 3 年以上轮作。施足充分腐熟的有机肥，氮、磷、钾肥配合施用，施肥时避免烧伤根系。勤中耕松土，提高土壤的通气性，促进根系发育。雨后及时排水，收获后彻底清除田间病残体。发现病株后立即挖出，在病穴撒石灰消毒，防止病情扩展。

② 药剂防治。发病初期及时用 50% 多菌灵可湿性粉剂 500 倍液，或 80% 防霉宝可湿性粉剂 600 倍液，或 10% 高效杀菌宝 250 倍液，或 72.2% 霜霉威水剂 600~700 倍液，或 72% 霜脲·锰锌可湿性粉剂 700 倍液，或 78% 科博可湿性粉剂 500 倍液，或 56% 霜霉清可湿性粉剂 700 倍液，或 69% 烯酰·锰锌可湿性粉剂 600 倍液，或 60% 灭克可湿性粉剂 750~1 000 倍液，或 50% 福美双可湿性粉剂 800 倍液灌根，每株 200 毫升，每 7 天一次，连续防治 1~2 次。

（十六）花椰菜环斑病

（1）发病症状。主要危害叶片，病斑灰白色，圆形，边缘不明显，四周出现黄绿色晕圈。后期病部产生黑色小点，即病原菌的分生孢子器，病斑上通常有轮纹。

（2）病原。芸薹叶点霉，属真菌界半知菌类（无性孢子类）。

（3）传播途径和发病条件。病菌以分生孢子器随病残体留在土壤中越冬，翌年从分生孢子器中逸出分生孢子借风雨传播，落到寄主叶片上孢子萌发长出芽管，从叶片气孔或伤口侵入，进行初侵染和多次再侵染。病高发病适温 18~20℃，高温高湿的条件利于发病。空气相对湿度高于 85%，叶面有水滴时易发病，雨水多、露水大时发病重。

（4）防治方法。

① 农业措施。使用无病种子，种子可用 50℃ 的温水浸种 20分钟。与非十字花科蔬菜轮作 2 年以上。适时追肥，氮、磷、钾肥合理配合。雨后及时排水，防止田间湿气过重。清洁田园，翻晒土壤，减少菌源。

② 药剂防治。发病初期可选用 50% 扑海因可湿性粉剂 1 500倍液，或 80% 喷克可湿性粉剂 600 倍液，或 80% 新万生可湿性粉剂 600 倍液等药剂防治，每 7 天喷一次，连续防治 2~3 次。

（十七）花椰菜黑点病

（1）发病症状。主要危害叶片。叶片发病，初时叶上产生大量黑褐色水浸状极小的斑点，扩展后病斑呈圆形或椭圆形，边缘黑色，中心暗褐色，后期病斑汇合成不规则的大斑，叶片枯黄、脱落。病菌侵染叶脉时，会造成叶片生长变缓，叶面皱缩。

（2）传播途径和发病条件。病菌主要随种子或病残体在土壤中越冬。在田间借风雨、灌溉水传播，由气孔侵入。25~27℃、空气相对湿度 90% 以上易发病，暴风雨后病情明显加重。

（3）防治方法。

① 农业措施。使用无病种子，重病地与非十字花科蔬菜进行 2 年以上轮作。加强肥水管理，雨后及时排水，降低田间湿度，及早发现病叶并摘除。收获后及时清除田间病残体，集中深埋或烧毁。

② 种子消毒。可用种子重量 0.4％ 的 50％ 琥胶肥酸铜可湿性粉剂拌种。

③ 药剂防治。发病初期及时用 25％ 络氨铜水剂 500 倍液，或 60％ 百菌通可湿性粉剂 500 倍液，或 30％ 绿得保悬乳剂 400 倍液喷雾。

（十八）花椰菜叶斑病

（1）发病症状。主要侵染叶片，造成叶斑和叶枯，子叶、花梗等部位也可发病。初期叶片上散生水浸状小斑，扩大后病斑直径达 3mm（有的可达 5mm），近圆形或不规则形，淡褐色或褐色，病斑周围有狭窄的褪绿带，迎光看更清楚。后期病斑相互汇合，沿叶脉形成坏死斑块或条带，甚至整叶枯死。干燥时，病斑的坏死组织会脱落穿孔。

（2）发病规律。病原菌主要随病株残体在土壤中存活越冬，但其腐生性较弱，病株残体分解后，便不能在土壤中继续存活。病原菌也可在越冬的十字花科蔬菜以及十字花科杂草上存活。种子也能带菌传病，带菌土壤、种子和越冬病株都是病原菌的重要初侵染源。在一个生长季节内可发生多次再侵染，病原菌随雨滴和灌溉水在植株间传播。在露水未干时进行农事操作，病原菌可随被污染的农机具和人体传播。多雨湿润的天气易发病。

（3）防治方法。

① 农业措施。病田要彻底清除病株残体，搞好田园卫生。与非十字花科作物实行轮作，播种无病地区生产的不带病菌的种

子。生长期间要搞好菜地排水，降低田间湿度，不在叶片上露水未干时进行农事操作。

② 药剂防治。发病初期可用 72% 农用硫酸链霉素 4 000 倍液，或 14% 络氨铜水剂 300 倍液，或 40% 细菌快克可湿性粉剂600 倍液等药剂防治，每 7 天喷一次，连续防治 2~3 次。

（十九）花椰菜常见生理病害

1. 不结花球

花椰菜只生长茎、叶，而不结花球，导致绝产或大幅减产的现象，称不结花球。该现象发生的原因如下。

（1）秋播品种播种过早，气温高，花椰菜幼苗未经受低温环境通过春化阶段，故长期生长茎叶而不结花球。

（2）春播品种中较耐寒、冬性强，通过春化阶段要求的温度条件低，如用于秋播，则难以通过春化阶段，而致不结花球。

（3）春播品种通过春化阶段需要的温度较低，如播种过晚，气温升高，亦不能完成春化阶段，故而不结花球。营养生长期供应氮肥过多，没有蹲苗，造成茎叶徒长，大量的营养用于茎叶生长，致使花球没能形成，或过早解体。

解决花椰菜不结球问题的措施是：正确选用品种，适期播种，创造通过春化阶段的条件，适当追肥，进行蹲苗等。

2. 小花球

在收获时花球很小，达不到商品要求，或达不到品种特性要求的大小，称为小花球。其产生原因如下。

（1）春播地内混有少量的秋播种子，则地内会出现少量的小花球；如果春播完全利用秋播品种，则会出现大量小花球。这是由于秋播品种多为早中熟品种，它们的冬性弱，通过春化阶段开始结球，株体较小。而晚熟种株体较大，茎叶茂盛。这样一来，早熟植株被压抑、遮阴，往往形成小花球。

（2）秋播时，利用的中晚熟品种中，如混有少量早熟品种种子，这些早熟品种较早的通过春化阶段开始结球，株体较小。而晚熟种株体较大，茎叶茂盛。这样一来，早熟植株被压抑、遮荫，往往形成小花球。

（3）秋播早熟品种，如播种过迟，叶丛未充分长大，即遇适宜花球形成的温度条件，于是很快形成花球，由于营养钵小，花球也小。

（4）生育期中，肥水不足，土壤盐碱，病虫为害等均会形成小花球。

防止小花球的措施是：选用纯正适宜的种子，播种期适当，加强田间管理等。

3．先期现球

花椰菜在小苗期，营养生长尚未长足即显花球，这种花球僵小，该现象称为先期现球现象。其发生原因是：

（1）秋播品种冬性弱，通过春化阶段容易，如错用于春播，则及早出现花球。

（2）春季栽培播种过早，苗期长期低温，或缺少水肥，株体受伤等，影响营养生长正常进行，诱发提前形成花芽，早期现蕾。

（3）秋播过晚，温度渐低，通过春化阶段过速，亦会出现先期现球。防止先期现球的措施同小花球。

4．毛花

花器的顶端部位，花器的花柱或花丝非顺序性伸长，使花球表面呈毛绒状，这种现象为毛花。毛花使花球表面不光洁，降低了商品价值。毛花多在花球临近成熟时骤然降温、升温或重雾天易发生。它是由于温度变化剧烈，温度条件不适宜的情况下，花芽的发育超过花球造成的。一般秋播栽培时，播种过早，入秋气

温降低之前花球已基本形成，如收获不及时，气温下降易发生毛花。早熟品种更易发生毛花现象。

5. 青花

花球表面花枝上绿色萼片突出生长，使花球表面不光洁，呈绿色，这种现象称青花。青花现象多是在花球形成期连续的高温天气造成的。防止措施是适期播种，躲避高温季节。

6. 紫花

花球表面变为紫色、紫黄色等不正常的颜色，降低了商品价值，这种现象称为紫花。紫花是在花球临近成熟时，突然降温，花球内的营养转化为花青素，使花球变为紫色。幼苗胚轴紫色的品种易发生。在秋季栽培时，收获太晚时易发生。

7. 散花

花球表面高低不平，松散不紧实为散花现象。其产生的原因是：收获过晚，花球老熟，水肥不足，花球生长受抑制；蹲苗过度，花球停止生长、老化；温度过高，不适宜花球生长；病虫为害等。防止措施是针对发生原因采取相应措施防止。

8. 污斑花球

花球生长过程中受暴晒、虫粪、污土、污肥污染，或缺乏微量元素等，均会使花球变成黄、红、黑等不正常颜色。防止措施是及时折叶、束叶遮光；及时防治病虫害；增施微量元素等。

9. 早花

原因主要是育苗太早或定植后蹲苗时间过长、土壤干旱、高温、低温及病虫害等造成营养生长过弱或营养物质积累少所致。防治措施是：加强水肥管理。早熟菜花品种定植后不蹲苗，及时浇水，水肥齐攻，一攻到底，并及时防病虫为害叶片等。

10. 茎秆部中空

主要表现为茎秆部或花梗内部出现空洞，严重时开裂，从而导致花球生长不良，产量降低。主要原因是缺硼，当植株生长过程中吸收硼元素的量不足以满足自身生长时，即会出现茎秆中空。生产中注意调节土壤 pH 值，以利于硼元素的吸收，同时不可过多偏施碱性肥料，多施用农家肥与有机肥。播种时尽量避开长期低温时节，整地施用底肥时可施入缓释硼或硼砂等硼肥进行硼肥补充，后期出现缺硼症状可以叶面喷施硼肥。

11. 抽薹

主要变现为花椰菜未结球而直接开花或花球没有完全长成就直接开始抽薹开花，降低商品的外观性质。不同品种间存在较大的差异，同一品种播种期越早越容易抽薹。在选种时尽量选择冬性较强的品种进行栽培，育苗时在棚室内进行，选择合适时期移栽，遇到低温时应注意保暖，叶面喷施叶面肥进行营养补充，避免温度过低。

12. 焦蕾

花球中心凹陷变成干褐色，严重影响冬季花菜产量和品质，一般发生在冬季，当花球长到拳头大小时花蕾粒变黄。主要原因是花球膨大期高温多雨寡照；低温条件下花菜缺钙和缺硼时，也会引起花球表面变褐、味道发苦等。底肥多施用有机肥或者农家肥，配合适量复合肥，切忌单一长时间使用化肥，后期根据植株生长情况及时补充硼以及钙等微量元素。

13. 花椰菜缺硼

硼是蔬菜生长发育必需的营养元素，它可促进蔬菜体内硫化合物的运输和代谢，促进细胞生长和分裂。

（1）症状。花椰菜对硼元素十分敏感，缺硼叶片肥厚，下部叶片先开始变黄，茎叶僵硬易折，发生木栓化斑块或开裂，顶叶生长受阻，叶向外卷曲、畸形，有时叶脉内侧有浅褐色粗糙粒点；严重时花头周围有明显的黄斑，表现为花序死亡，茎凹陷受

损，花球上出现褐色斑点或变锈褐色湿腐，花枝难以松散或呈浅褐色粗糙粒点，花球质地变硬，带有苦味；常引起花轴中心内部空洞（茎变空），短缩茎内部腐烂，导致髓部中空。

（2）病因。土壤酸化，硼元素被大量淋失，或施用过量石灰都易引起硼缺乏；土壤干旱，有机肥施用少，也容易导致缺硼；在高温条件下植株生长加快，因硼在植株体内移动性较差，往往不能及时、充分地分配到急需部位，即造成植株局部缺硼；钾肥施用过量，可抑制植株对硼的吸收。

（3）防治措施。施用硼肥。在基肥中适当增施含硼肥料，可在定植时每亩用1~1.5kg硼砂均匀拌入基肥中，或与有机肥配合施用可增加施硼效果。出现缺硼症状时，应及时叶面喷施0.1%~0.2%硼砂或硼酸溶液（硼砂配制时先用热水溶解为宜），5~7天喷1次，连喷2~3次。也可每亩撒施或对水追施硼砂0.75~1.25kg。

增施有机肥料，防止施氮过量 有机肥中营养元素较为齐全，全硼含量在20~30mg/kg，施入土壤后可随有机肥料的分解释放出来，提高土壤供硼水平；另外，可以提高土壤硼的有效性。同时，要控制氮肥用量，特别是铵态氮过多，不仅影响蔬菜体内氮与硼比例失调，而且会抑制硼的吸收。尤其要多施用腐熟厩肥，厩肥中含硼较多，而且可使土壤肥沃，增强土壤保墒能力，缓解干旱为害，促进根系扩展，确保植株对硼的吸收。

改良土壤要预防种植地内土壤酸化或碱化。一旦土壤出现酸化或碱化，要加以改良，将土壤酸碱度调节至中性或稍偏酸性。改良黏壤土可用掺入沙质土的方法加以改良。

合理灌溉遇1周以上干旱或土壤过于干燥时，要及时灌水抗旱，保持湿润，保证植株的水分供应，防止土壤干旱或过湿，否则均会影响根系对硼的吸收。对于硼过剩的矫治，可撒施石灰抑制硼的吸收，但应以预防为主。

14. 花椰菜缺锌

锌是蔬菜生长发育必需的微量元素之一，许多蔬菜施用锌肥都有明显的增产效果。配施锌肥既可提高产量，又能改善品质；合理使用锌肥对防治病毒病能起到一定的辅助作用，所以锌肥的使用不容忽视。

（1）症状。植株生长差，下部叶片叶脉间失绿黄化，并从叶的外缘向内部扩展；叶面出现斑点坏死组织，叶缘枯焦，叶柄和叶背面呈现紫红色；幼叶变小，节间缩短；花柱小叶丛生，但不脱色，是典型缺锌症状。

（2）病因。光照过强；吸收磷过多（植株即使吸收了锌，也表现缺锌症状）；土壤 pH 值高，即使土壤中有足够的锌，但其不溶解，也不能被作物所吸收利用。

（3）防治措施。不可过量施用磷肥；应急时用 0.1%~0.2% 硫酸锌水溶液喷洒叶面 2 次，或者每亩用硫酸锌 1.5kg 对水浇施，3d 就能解除花椰菜幼叶变小、节间缩短、花柱小叶丛生、脱色等症状。

15. 花椰菜缺钙

钙是构成植物细胞壁和细胞膜的主要成分之一，在维持膜的结构和功能方面具有重要作用。钙也是淀粉酶、磷脂酶、精氨酸激酶和腺苷三磷酸激酶在进行酶促反应时的辅助因素。

（1）症状。植株矮小，茎和根尖的分生组织受损，表现明显时期是花椰菜开始结球后，结球苞叶的叶尖及叶缘处出现翻卷，叶缘逐渐干枯黄化，焦枯坏死。

（2）病因。中高海拔山区特别是台风暴雨过后突然高温转晴，阻碍对钙的吸收明显。致病原因：一是土壤中本身缺少水溶性钙，营养失调造成；二是土壤中缺少活性锰元素引起的；三

是土壤盐分含量高，抑制根系吸收水分和养分；四是土壤干旱，空气湿度小，蒸发快，补墒不足，使得土壤溶液浓度提高，减少了根系吸水量，从而抑制钙的吸收而产生；五是氮多、钾多或铵态氮施用过多抑制钙的吸收，干烧心病发生率随氮肥用量增加而增加。

（3）防治措施。增施腐熟农家粪肥或有机肥合理施用复混肥（化肥），氮、磷、钾肥配合使用，不宜1次用肥过高，特别是含氯化肥（氯化铵、氯化钾）；同时注意避免偏施氮肥。整地时每亩均匀施入75kg生石灰生石灰，既可增加土壤中的钙质，又可调整土壤的pH值，还可起到土壤杀菌作用。

适时保证土壤墒情防止土壤干旱，严防苗期、营养生长期、花芽分化期、结球前期干旱，干旱时少蹲苗或避免蹲苗过度。

根外追施钙元素，用植物协同钙、多肽有机钙，在花椰菜幼苗期用500倍稀释液喷施，或喷施0.7%氯化钙液加0.7%硫酸锰液，或用0.2%的高效钙（浓缩钙）叶面喷施，严重的隔4~5d再喷1次。注意保持土壤墒情，才能吸收好，具备补钙、壮苗、增产、提质、延长储存期的作用。

16. 花椰菜缺镁

镁是蔬菜的必需营养元素，给蔬菜补施镁元素能够制造碳水化合物且促进光合作用，提高品质，并能促进植株对磷、硅等元素的吸收，提高植株抗病能力。花椰菜缺镁叶绿素的合成就会受影响，光合作用随之也会受影响。

（1）症状。植株矮小，生长缓慢，发育会显著延迟，表现在老叶叶片上的叶肉失绿或叶脉间黄化，有时呈褐色或暗红紫色，严重发展时逐渐波及幼嫩叶，而叶片上的主脉及侧脉不失绿，这样形成了网状失绿，叶片不增厚。严重的变白，后期叶片黄、橙、紫红等杂色斑驳（很多农户比喻类似花猪肺），光合作用显著降低。

（2）病因。常年连作土壤板结、盐渍化地块；土壤本身含镁量低；钾、氮肥用量过多，阻碍对镁的吸收。

（3）防治措施。适量施镁肥作基肥，土壤诊断若缺镁，在栽培前要施用足够的含镁肥料；避免1次施用过量的、阻碍对镁吸收的钾、氮等肥料。

适量喷施镁肥应急时用0.1%~0.2%的硫酸镁溶液叶面喷施，严重的隔3~5d再喷施1次，缺镁症状几天后就可解除。

17. 花椰菜缺钼

钼对氮素代谢起着相当重要的作用，因为它是氮素代谢过程中所需酶的重要组成成分，还参与硝酸的还原过程，而没有这些酶氮素代谢无法进行。它还与植物磷代谢有关。钼还参与植物体内光合作用和呼吸作用，促进繁殖器官的建成。

（1）症状。花椰菜缺钼最典型的症状是，叶片明显缩小，呈不规则的畸形叶或形成鞭尾状叶，通常称为"鞭尾病"。幼苗缺钼，新叶基部叶脉及叶肉大部分消失、顶部仅剩的小部分叶片卷曲成漏斗状，严重的侧脉及叶肉全部消失，只剩主脉成鞭状，甚至生长点消失；大田花椰菜缺钼，主要发生在新叶上，初时叶片中部的主脉扭曲，整张叶片歪歪的向一边倾斜，严重时新叶的侧脉及叶肉会沿主脉向下卷曲，且主脉向一侧扭曲，此时为严重缺钼，即使及时补充钼肥（钼酸铵），也已经有一部分的生长点消失，无法结成花球。

（2）病因。钼与其他微量元素相反，它对植物的有效性随土壤pH值的增加（即碱性增强）而增加。一般pH值6.5以上的土壤很少缺钼，而酸性土壤和富含铁的土壤则易发生缺钼。土壤有效态钼小于0.1mg/kg，植株表现缺钼。栽种花椰菜的连作田地，都会出现一些中量元素、微量元素的缺乏症，通过对本地

中、高海拔区花椰菜栽种缺钼的调查，表现最常见的就是无心苗、漏斗苗、鞭尾病等现象。

（3）防治措施。增施有机肥有机肥中含有植物生长所需的各种养分，它在发酵分解过程中可以释放出钼元素供花椰菜吸收。

钼酸钠或钼酸铵与底肥同施每亩用 0.5~1.0kg 的钼酸钠或者钼酸铵与底肥一起拌匀后施用。

喷施钼肥可在苗长出心叶后，结合治病防虫喷 1 次钼肥液，移植大田后结合治病防虫喷 1 次钼肥液，特别在花芽分化期再喷施钼酸铵水溶液 1 次。用 0.05%~0.1% 的钼肥或钼酸铵（约 15 kg 加 1 小包 10g）喷洒即可。

18. 花椰菜综合缺素症

（1）症状。从老叶开始，叶片从外到内逐渐黄化、增厚、变脆，叶肉及小侧脉严重黄化，主脉及大脉黄化轻，呈不明显的网状黄化。部分叶缘或叶背呈淡紫色。新叶淡绿色不黄化，但叶片变小，植株矮小，花球小，质硬，有的还有苦味，商品性差。挖开根部，主、侧根颜色变深（根腐状），须根少。

（2）病因。土壤贫瘠，保水保肥能力差，有机肥施入少的地块，花椰菜长势弱。在过量施肥时，就造成了烧根，吸收根死亡，吸收能力下降，地上部得不到生长所需的各类养分，呈现出综合缺素症状。此病是中高海拔山区夏秋花椰菜种植发生最普遍，为害最严重的生理性病害，特别是有机肥施入少的山垄田、稻田后轮作的第 1 茬、3 年以上重茬地发生严重，有的甚至绝收。

（3）防治措施。选择土层深厚，有机质含量高、保水保肥能力强的肥沃土壤进行种植。整地时施入足够的农家腐熟基肥，特别是施入充足的有机肥，移植时每株用 1kg 左右的腐熟农家肥作点根肥；施肥时采用薄施勤施，忌集中施重肥。山垄田、稻田、重茬地轮作花椰菜时，最好先种 1 季豆科作物等为前茬作物。同时加强田间管理模式，增强花椰菜长势，提高抗性。发病轻时，可用 0.2% 的植物动力 100，或 0.2% 的硼锌复合微肥加 0.2% 的尿素进行叶面喷施，隔 5d 再喷 1 次；发病重时，如难以恢复且结出的花球商品性极低，宜尽早拔除，以便种下一茬作物。

三、花椰菜主要虫害及防治

（一）蚜虫

1. 为害特点

在花椰菜整个生长期均可为害，多以成虫、若虫群集于叶片背部，吸食植物汁液造成失绿发黄，严重时叶片卷缩枯萎。更主要是传播病毒，造成多种十字花科和茄科蔬菜病毒病发生。

2. 生活习性

一般在春秋季各发生一个高峰。春季温度升高蚜量增大。入夏后气温过高抑制其繁殖，秋季气温逐渐降低，再度大量发生为害。以成虫和若虫在杂草根部越冬。部分在冬季温室蔬菜上繁殖为害。

3. 防治方法

（1）农业防治。春季及时清除田间杂草及农作物的枯、病、老叶，集中深埋或销毁，可以消灭大部分越冬蛹，减少虫口基数。

（2）物理防治。

① 银灰色薄膜避蚜。利用蚜虫对银灰色具有负趋性的特点，采用银灰色塑料薄膜覆盖栽培，降低和减轻蚜虫的为害。

② 黄板诱蚜。利用蚜虫的趋黄性，可用黄板诱蚜。方法是用硬纸板做成 30cm×20cm 的黄板，上涂黄色颜料，抹上废机油 0~5 天涂一次，每亩地放置 20~30 块。

（3）化学防治。以适时、适量、科学配用、交替使用为原则。可采用 50% 抗蚜威可湿性粉剂 1 000 倍液，或 4.5% 高效氯氰菊酯乳油 2 000 倍液，10% 吡虫啉 2 000~3 000 倍液防治或蚜虱净进行喷雾，每 5~7 天喷药 1 次，连喷 2~3 次。

（二）小菜蛾

1. 为害特点

可为害白菜、甘蓝、菜花、萝卜、油菜等十字花科蔬菜。主要为害叶片。初龄幼虫仅取食叶肉留下叶表皮，在菜叶上形成透明的天窗。3~4 龄幼虫将菜叶取食成孔洞，严重时成为网状。

2. 生活习性

兰州地区一年发生 4 代。5—6 月和 8—9 月出现两个为害高峰期。幼虫活跃，遇惊时扭动后退，或吐丝下垂。

3. 防治方法

（1）农业防治。

① 避免十字花科蔬菜周年连作，以免虫源周而复始发生。

② 对苗田加强管理，及时防治，避免将虫源带入本田。

③ 蔬菜收获后，要及时处理残株落叶，及时翻耕土地，可消灭大量虫源。

（2）物理防治。小菜蛾有趋光性，在成虫发生期，采用多佳频振式杀虫灯或黑光灯，可诱杀大量小菜蛾，减少虫源。

（3）生物防治。释放菜蛾绒茧蜂、姬蜂。每亩放性引诱剂诱芯 7 个，把塑料膜 4 个角绑在支架上盛水，诱芯用铁丝固定在支架上弯向水面，距水面 1cm，塑料膜距蔬菜 10~20cm，诱芯每 30 灭换 1 个。

（4）药剂防治。掌握在卵孵化盛期至 2 龄幼虫前喷药。于小龄幼虫盛期用 Bt 乳剂 500~1 000 倍液，或 8% 阿维菌素乳油 3 000 倍液喷雾防治，或用生物农药杀虫剂复合川楝素 1 000 倍液，或蛾万清 1 000 倍液喷雾防治，5~7 天后进行第二次喷洒防治。

（三）菜青虫（菜粉蝶）

1. 为害特点

主要为害叶片，2 龄前幼虫啃食叶肉留下透明的表皮。3 龄后蚕食整个叶片，造成许多孔洞，严重时只剩叶脉，叶片多受损影响植株生长发育和结球。虫粪污染叶球，降低商品价值，造成作伤口还能导致软腐病发生。

2. 生活习性

兰州地区可发生 4 代。以蛹潜伏于树干、杂草、残株、墙壁屋檐下越冬。翌年 4 月初开始羽化，边吸食花蜜边产卵。在温度 20~25℃，空气相对湿度 76% 左右条件，又孵化出幼虫为害。其发育期要求与白菜类作物发育温湿度接近，故形成春、秋两个为害高峰。

3. 防治方法

（1）作物收获后，清理残体，搞好田间卫生，减少虫源。

（2）幼虫 2 龄前喷洒苏云金杆菌（Bt 乳剂）500~1 000 倍液，或蔬果净 200~800 倍液，或 25% 灭幼脲 3 号悬浮剂 100 倍液，或 2.5% 功夫乳油 2 000 倍液，或印楝素、川楝素、苦皮藤素等生物农药喷雾。

（四）甜菜夜蛾

1. 为害特点

甜菜夜蛾卵一般成块产在花椰菜植株中下部叶片的背面边缘，每块卵几粒至百粒不等，多单层或双层排列，其上覆盖灰白色雌蛾腹端的绒毛，其颜色和大小与泥巴较为相似，在田间管理时较易被发现。成虫产卵有很强的趋嫩性，甜菜夜蛾成虫产卵对矮小且长势嫩的植物比较嗜好。

幼虫共 5 龄（少数 6 龄），具杂食性、假死性和畏光性。甜菜夜蛾的寄主范围十分广泛，据资料介绍，在国内已知的寄主有78 种，其中包括 30 余种蔬菜。主要寄主有花椰菜、大白菜、萝卜、甘蓝等，此外还为害大豆、棉花、西瓜、冬瓜、辣椒、班豆、胡萝卜小白菜、空心菜等。初孵幼虫群集叶片背面，吐丝结疏松，在其内日夜取食叶肉，留下叶片的表皮，将叶片食害成不规则的透明白斑，田间较易被发现。3 龄后，开始分散为害，食量大增，将叶片食成孔状或缺刻，严重时，可吃光叶肉，仅留叶脉。稍受震扰即吐丝落地，假死。4 龄后，昼伏夜出，白天潜于植株下部或土缝，傍晚后开始出来取食为害。幼虫老熟后，就地入土作土室化蛹。

2. 防治技术

（1）农业防治。

① 清洁田园，铲除杂草和残株落叶，减少虫源。

② 根据卵块多产在叶背，其上有白色绒毛覆盖易于发现，且 1 龄幼虫集中在产卵叶或其附近叶片上的特点，结合田间操作摘除卵块，捕杀低龄幼虫。

③ 利用其假死性，在定植时进行震落和捕杀幼虫。

④ 十字花科蔬菜换茬时，及时耕翻灭蛹，减少虫源。

（2）物理防治。利用甜菜夜蛾有很强的趋光性和趋化性，用黑光灯、频振式杀虫灯或性诱剂诱杀成虫效果明显，可大幅减少田间落卵量，具有很好的实用价值。

（3）生物防治。甜菜夜蛾常见的捕食性天敌（如蛙类、鸟类等）、寄生蜂（如赤眼蜂等）、寄生蝇、致病微生物（如真菌、病毒、寄生线虫等）都是甜菜夜蛾重要的天敌，应加强宣传、保护和利用。合理使用农药，减少天敌的损伤，大力推广运用苏云金芽孢杆菌、白僵菌、核型多角体病毒等微生物制剂防治害虫，对促进害虫无公害治理、绿色食品的生产具有重要意义。

（4）化学防治。在甜菜夜蛾大发生时，药剂防治是降低损失的有效途径，但一定要科学合理用药，既要防治害虫，又要减少污染。要严格按照无公害蔬菜的生产要求，选用高效低毒农药进行化学防治。药剂可选用15%的安打乳油1 000~1 500倍液、2.5%菜喜悬浮剂1 000~1 500倍液、10%除尽悬浮液1 000~1 500倍液、20%米满悬浮剂1 000~1 500倍液、2%阿维菌素3 000~5 000倍液。具体技术关键上要把握两点：一是早治，3龄以上幼虫的抗性明显增强，因此要集中在3龄前进行防治；在漏治或未防治而造成田间高龄幼虫较多的情况下，可选用对高低龄幼虫均有较好防效的安打进行喷雾防治；二是巧治，由于甜菜夜蛾具有怕光性，昼伏夜出，所以防治时间应选在凌晨或傍晚前后为宜，重点对植株叶背、心叶和根部进行喷雾，可提高防效。

（五）斜纹夜蛾

1. 为害特点

斜纹夜蛾主要以幼虫为害为主，卵、成虫和蛹基本不对蔬菜作物造成危害。斜纹夜蛾成虫夜间活动，对黑光灯有趋光性，还对糖、醋、酒及发酵的胡萝卜、麦芽、豆饼、牛粪等有趋化性。产卵前需取食蜜源补充营养，白天躲藏在植株茂密的叶丛中，黄昏时飞到开花植物，寿命5~15天。平均每头雌蛾产卵3~5块，400~700粒，卵多产于植株中下部叶片的反而，多数多层排列，卵块上覆盖棕黄色绒毛。

初孵化的幼虫先在卵块附近昼夜取食叶肉，留下叶片的表皮，将叶为害成不规则的透明白斑，但遇惊扰后四处爬散或吐丝下坠或假死落地。2~3龄开始逐渐四处爬散或吐丝下坠分散转移为害，取食叶片为害，叶片状成小孔；4龄后食量骤增，生活习

性改变为昼伏夜出，晴天在植株周围的阴暗处或土缝里潜伏，但在阴雨天气的白天有少量的个体也会爬上植物取食，多数仍在傍晚后出来，至黎明前又躲到阴暗处。幼虫老熟后，入土1~3cm，作土室化蛹。

2. 防治技术

（1）农业防治。

① 清除杂草，减少产卵场所及时清除上茬残留植株及田间、田周杂草，减少产卵及孵化场所，并能灭除部分幼虫和蛹。

② 摘除有卵块和初孵幼虫的叶片。如种植面积较小，每隔3~5天于早晨结合田间虫情检查，摘除产于叶背的卵块或初孵幼虫集中消灭。

（2）物理防治。斜纹夜蛾成虫虫体较大，有较强趋光性和趋化性，可用防虫网、杀虫灯等物理措施隔离、诱杀防治。

① 防虫网阻隔。有条件的蔬菜基地或菜农可选用20~25目的白色或灰色防虫网，柱架立棚进行防治，防效明显，还能兼治其他虫害。

② 杀虫灯诱杀。面积较大的蔬菜基地，可选用振式杀虫灯诱杀成虫，能明显控制田间产卵量。

③ 性诱剂诱杀。性诱技术具有高效、无毒、不伤害益虫、不污染环境，使用简便、费用低廉等优点，正获得越来越广泛的应用。斜纹夜蛾性诱剂是昆虫性信息素应用中效果最好、最稳定的品种之一，在花椰菜田应用单日最高诱捕量达3 000余头，具有较好的诱捕效果。

（3）化学防治。在未进行农业防治、物理防治或无法控制的情况下，化学防治就成为防治斜纹夜蛾的唯一补救措施。

由于高龄幼虫抗药性强，并且有昼伏夜出等特点。因此化学防治需掌握以下要点。

① 确定防治对象田。根据田间虫情调查，一般每 $100m^2$ 有 1 个以上初孵幼虫虫团的田块，应列为挑治或防治田块。

② 适期用药。由于 3 龄前幼虫群集，防治适期应定在 2 龄幼虫始盛期。具体施药时间应在傍晚 6 时以后为好。发生重的田块隔 5~7 天再防治 1 次。

③ 选用高效、低毒、低残留药剂。可选用 10% 虫螨腈 2 000 倍液或 5% 氟虫腈（锐劲特）2 000 倍液、3.5% 氟虫腈溴氰菊酯乳油 1 000 倍液、8% 氟啶脲高氯乳油 1 000 倍液、4.5% 高效氯氰菊酯乳油 1 500 倍液等。注意药剂的交替使用。

④ 低容量正、反面喷雾。选用 0.7~1.0mm 孔径的喷头低容量喷雾，用水量 40~50kg/ 亩喷雾要均匀周到，除叶片背面要喷到外，对植株根际附近地面也要同时喷到，以防滚落地而的幼虫漏治。

附件

花椰菜冷藏和冷藏运输指南

1 范围

本标准规定了鲜销或加工用的不同种类花椰菜的冷藏和远距离冷藏运输的方法。本标准涉及的花椰菜属于芸基属甘蓝种中以花球为产品的一个变种。

2 期范性引用文件

下列文件中的条款通过本标准的引用而成为本标准的条款。凡是注日期的引用文件，其随后所有的修改单（不包括勘误的内容）或修订版均不适用于本标准，然而，鼓励根据本标准达成协议的各方研究是否可使用这些文件的最新版本。凡是不注日期的引用文件，其最新版本适用于本标准。

ISO2169 水果和蔬菜 冷藏的物理环境 定义和测量

ISO6661 新鲜水果和蔬菜 陆路运输车辆上平行六面体包装件的排列

3 采收和包装条件

3.1 采收

用于贮藏的花椰菜应该在花球长到最大前采收。采收应在上午进行。

采收期应该根据花球的成熟情况决定。在炎热的天气，即使是延迟一天采收都可能导致颜色变黄、花球松散。

3.2　质量要求

花球应该外观完整、无损伤、清洁，呈新鲜状；没有受啮齿动物和昆虫侵害的痕迹；没有明显的病害、冷害和机械损伤的迹象；不允许花球显现出任何瑕疵；花椰菜要做到表面无水。

花椰菜贮藏前不要清洗，但要进行修整，留下几片叶片保护花球，并将花茎切短。

3.3　包装

最常用的包装为木制的板条敞口箱，也可用打蜡的瓦楞纸板箱。

羊度纸或塑料包装（聚乙烯，聚無乙烯等）能延缓水分的损失。上述材料也可用作箱子的内衬，包裹单个的花球或者覆盖在板条箱垛上。作保护产品的包装要有足够的通风孔，以便于运输和贮藏过程中产品的冷却。

4　最适宜的贮藏和运输条件

4.1　入库

花椰菜采后应该尽快预冷，因为花椰菜在 15℃ 存放 48h 后花球开始变黄，细菌或真菌引起的变化也开始显现出来，而且这些变化是不可逆的。如果从采摘地到冷库的运输需要几天的时间，花椰菜在运输之前一定要预冷。

4.2　温度

花椰菜最适的贮藏和运输温度范围是 0~4℃，低于 0℃ 的温度会导致冷害。所选取的温度在整个贮藏和运输期间应该保持稳定，避免表面结露。

4.3　相对湿度

相对湿度应该控制在 90%~95% 的范围内。较低的相对湿度会导致花球和叶子的萎薄，缩短贮藏寿命。某些包装有助于减少产品的水分损失（见 3.3）。

4.4　空气循环

在贮藏和运输期间，应该进行通风换气，以便维持 4.2 和 4.3 中要求的温度和相对湿度的稳定和均匀。

4.5　随藏

花椰菜的摆放层数要根据其外叶的数量确定，外叶多的可码两层。上层的花椰菜不要伤及下层。失去保护外叶的只能摆一层，花头向上。

包装花椰菜时宜将花球朝下，这样可以防止花椰菜在运输过程中因湿度过大、擦伤和污染带来的损害，并能够除去花椰菜采摘和清洗带来的少量水分。

4.6　贮藏期限

采用上述贮藏条件，不同品种的花椰菜贮藏期分别能够达到 3~6 周。

为防止花椰菜变质，应该每天进行质量监控。

5　运输和装载要求

5.1　运输

花椰菜运输期间，应保持低温。可用冰制冷或机械制冷的列车或冷藏汽车。

所有的运输装置都应该处于良好的技术状态，例如，顶部的通风孔要处于工作状态，冰冷却的列车排水应良好，地板上有确保空气循环的底托。在装载前，应将加冰或机械制冷的车辆内的装载空间降到所要求的温度。

冰制冷的冷藏列车在装裁产品之后应将冰舱中的冰加足。

如果天气比较热或运输时间比较长，冰制冷车里的冰会在运输过程中融化，需要在途中到加冰站再次加冰，确保冷藏列车到达终点时冰舱的冰块拥有量不少于 1/3。

5.2 包装件的排列

陆路运输车辆包装件的排列应执行 ISO 6661。

6 贮藏和冷藏运输末期的操作

贮藏结束时，应对花椰菜进行检查并除掉变黄或其他受损的叶子，并对花茎进行再切削。花椰菜在运输和卸载之后，应继续冷藏，否则就应尽快出售或加工。

参考文献

龚攀 .2005. 花椰菜四季高效栽培技术 [M]. 北京：金盾出版社 .

李建永，于丽艳，李法军，等 .2012. 大棚花椰菜青花菜高效栽培技术 [M]. 山东：山东科学技术出版社 .

李家慎 .1991. 花椰菜的生长发育动态 [J] . 长江蔬菜，4-7.

李关发 . 2016. 中高海拔花椰菜常见生理病害的诊断与防治 [J]. 中国园艺文摘，（ 5 ），192-199.

孙培田，等 . 1991. 花椰菜丰产栽培 [M]. 北京：金盾出版社 .

孙德岭 . 2011. 花椰菜栽培与病虫害防治 [M]. 天津：天津科技翻译出版公司 .

魏廼荣 .1985. 花椰菜栽培与良种繁育 [M]. 天津：天津科学技术出版社 .

王广印 . 1991. 菜花结球的生理障碍及其防治措施 [J]. 河南农业科学，（ 11 ）：23 - 25.

中国农业科学院蔬菜花卉研究所 .1997. 中国蔬菜栽培学 [M]. 北京：农业出版社 .

中国农业科学院蔬菜花卉研究所 .2010. 中国蔬菜栽培学，第 2 版 [M]. 北京：中国农业出版社 .

朱凤林 .2005. 钼、硼对花椰菜产量及品质的影响 [J]. 园艺学报，32（ 02 ）：310-313.